Jonas Lanig, Achim Schneider, Dorothee Tiemann

W0345631

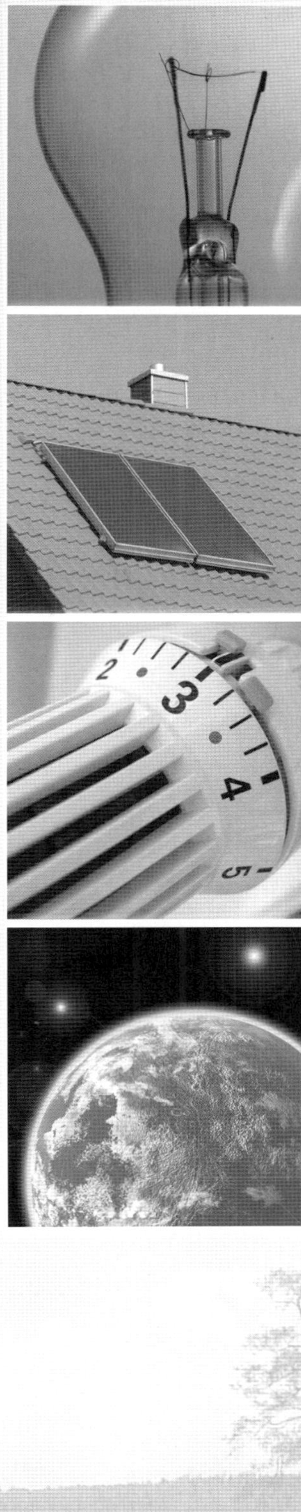

Klima katastrophe – **Energie** sparen!

Infos, Hintergründe, Projektideen

Verlag an der Ruhr

Impressum

Titel: Klimakatastrophe – Energie sparen!
Infos, Hintergründe, Projektideen

Autoren: Jonas Lanig, Achim Schneider, Dorothee Tiemann

Druck: Druckerei Uwe Nolte, Iserlohn

Verlag: Verlag an der Ruhr
Alexanderstraße 54 – 45472 Mülheim an der Ruhr
Postfach 10 22 51 – 45422 Mülheim an der Ruhr
Tel.: 0208/439 54 50 – Fax: 0208/439 54 239
E-Mail: info@verlagruhr.de
www.verlagruhr.de

© Verlag an der Ruhr 2007
ISBN 978-3-8346-0292-3

geeignet für die Altersstufe 10 11 12 13 14 15 16

Gedruckt auf chlorfrei gebleichtes Papier.

Die Schreibweise der Texte folgt der neuesten Fassung der Rechtschreibregeln – gültig ab August 2006.

Alle Vervielfältigungsrechte außerhalb der durch die Gesetzgebung eng gesteckten Grenzen (z.B. für das Fotokopieren) liegen beim Verlag. Der Verlag untersagt ausdrücklich das Speichern und Zur-Verfügung-Stellen dieses Buches oder einzelner Teile davon im Intranet, Internet oder sonstigen elektronischen Medien.
Kein Verleih.

Inhalt

Vorwort

Die internationale Klimaforschung zweifelt nicht daran, dass der Klimawandel immer weiter voranschreitet, sich sogar beschleunigt, und dass der Mensch durch die von ihm verursachten Treibhausgase für den größten Teil der Klimaänderung verantwortlich ist. Energiesparen ist also nicht länger die Sache von Umweltschützern und Aktivisten, sondern wir alle sind dazu verpflichtet, etwas gegen den Klimawandel zu unternehmen. Die aktuellen Klimaereignisse (Orkane, Überschwemmungen) und die zusammengetragenen Ergebnisse des UN-Klimarats IPCC sollten uns alle wachgerüttelt haben, das Energiesparen ernst zu nehmen. Am besten fängt man damit gemeinsam an. Geeignete Orte dafür sind die Schule und öffentliche Einrichtungen für Jugendliche.

Hier können die Jugendlichen das richtige Wirtschaften mit Energie nachvollziehen und begreifen lernen. Sie kennen es aus eigener Erfahrung, wenn Räume schlecht beheizt und beleuchtet sind. Schon mit einfachen Mitteln können Pädagogen* und Jugendliche dazu beitragen, die Energiewirtschaft in ihrer Einrichtung zu verbessern. Neben dem Schutz der Umwelt kann zusätzlich die Lebensqualität in der Einrichtung erhöht und Geld eingespart werden. Es bringt allerdings nicht viel, Jugendliche umweltpolitische Forderungen und die wirtschaftlichen Vorteile des Energiesparens zu vermitteln und dann zu hoffen, dass sie sich daraufhin umweltbewusst verhalten.

Fast alle Pädagogen, die sich mit dem Thema „Energiesparen" auseinandersetzen, machen die gleiche Erfahrung: Nach einem oft furiosen Start ist die anfängliche Euphorie bald erlahmt, kapitulieren die guten Vorsätze vor dem Schlendrian des pädagogischen Alltags. Hier zeigen sich die Konstruktionsmängel einer Pädagogik, die ganz auf die Macht von Appellen setzt. Offensichtlich reicht es eben nicht, die Jugendlichen immer wieder mit dem moralischen Zeigefinger zu nerven oder ihnen ein schlechtes Gewissen einzureden. Wenn das Energiesparen zu einer nachhaltigen Selbstverpflichtung werden soll, darf es nicht bei lapidaren Aufforderungen zum Energiesparen bleiben. Stattdessen gilt es, das Energiesparen durch attraktive Projekte zu flankieren und den Jugendlichen auf diese Weise ganz unterschiedliche Zugänge zu dieser Thematik zu eröffnen. Es hilft nicht, den Kindern und Jugendlichen gut zuzureden. Vielmehr sollen sie sich aktiv mit dem Energiesparen auseinander setzen.

Wie eine solche Auseinandersetzung aussehen könnte – das soll an 25 Projektbausteinen aus der pädagogischen Praxis demonstriert werden. Jeder Baustein steht für das Anliegen, die anscheinend so spröde Materie auf konkrete Lernanlässe zu übertragen. Dazu enthält jeder Baustein **Infos,** die den Pädagogen und auch den Jugendlichen entsprechende Hintergrundinformationen vermitteln.
Die methodische Vielfalt schafft ein breites Angebot für eine individuelle Gestaltung des Themas, und fertiges Arbeitsmaterial reduziert den Vorbereitungsaufwand. Darüber hinaus werden mit **Projektideen** zahlreiche Anregungen gegeben zu einer weiterführenden und vertiefenden Beschäftigung mit der Thematik.

Denn später soll niemand sagen können, dass ihm einfach nichts eingefallen ist.

* *Aus Gründen der besseren Lesbarkeit haben wir in diesem Buch durchgehend die männliche Form verwendet. Natürlich sind damit auch immer Frauen und Mädchen gemeint, also Lehrerinnen, Schülerinnen etc.*

© Verlag an der Ruhr | Postfach 102251 | 45422 Mülheim an der Ruhr | www.verlagruhr.de | ISBN 978-3-8346-0292-3

Wie kommt es zum Treibhauseffekt? 1

Vor einer weltweiten Klimakatastrophe

In der Fachliteratur wird das Klima als eine dauerhafte Erscheinung beschrieben – ganz im Unterschied zum Wetter und seinen ausgeprägten Schwankungen. Damit aber entsteht ein falscher Eindruck. Denn die Geschichte des Weltklimas zeigt, dass es immer wieder zu einschneidenden Veränderungen kam. So lösten sich Wärme- und Eiszeiten in unregelmäßiger Folge ab, und die Unterschiede waren beträchtlich. Während für die Eiszeiten eine mittlere Temperatur von 10 –12° C errechnet wurde, nimmt man für die Warmzeiten einen Mittelwert von 23 –25° C an.

Man kann sich die Atmosphäre, also die die Erdoberfläche umgebende Lufthülle, wie ein riesiges Gewächshaus vorstellen: Die einfallende Strahlung dringt dabei fast ungehindert bis zum Erdboden durch, wird aber nur teilweise vom Erdboden wieder abgestrahlt. Wie viel Strahlung in der Atmosphäre verbleibt und wie viel wieder abgegeben wird – das entscheidet sich am Vorkommen der sogenannten „Treibhausgase". Dazu zählen z.B. Kohlendioxid, Ozon, Methan und Wasserdampf. Ohne diese „Treibhausgase" wäre auf unserem Planeten kein Leben möglich. Denn sie bewirken durch Absorption der Wärmestrahlung, dass ein Teil der von der Erdoberfläche als Wärme wieder abgegebenen Strahlung in der Atmosphäre verbleibt. Dieser natürliche Treibhauseffekt gewährleistet, dass die Temperatur im weltweiten Durchschnitt bei + 15° C liegt. Würden wir auf alle Treibgase verzichten wollen, müssten wir uns auf eine Durchschnittstemperatur von –18° C einrichten.

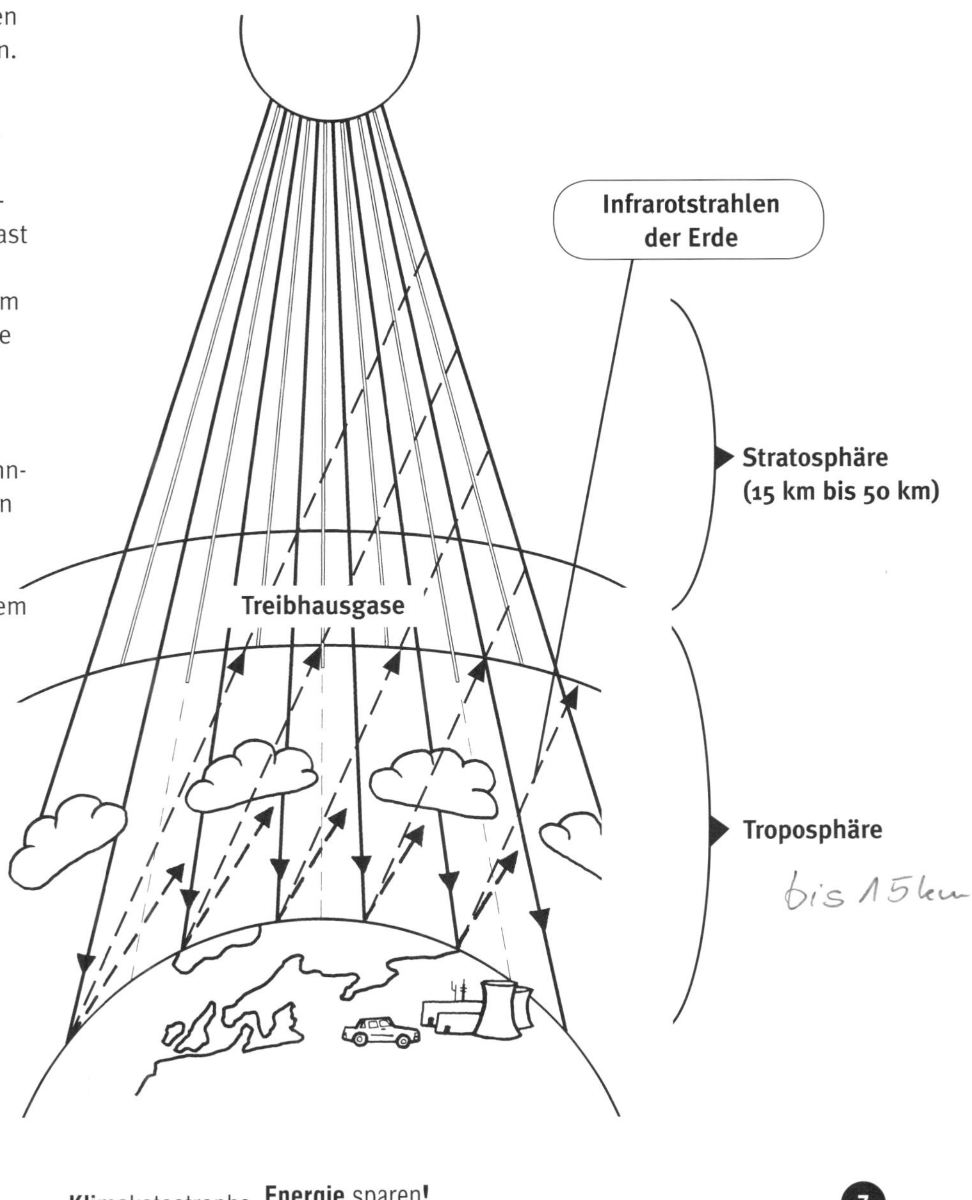

Informationen aus:
- *www.ipcc.ch*
- *www.umweltlexikon-online.de*

© Verlag an der Ruhr | Postfach 102251 | 45422 Mülheim an der Ruhr | www.verlagruhr.de | ISBN 978-3-8346-0292-3

1 Auf dem Weg in die Klimakatastrophe

Die Freisetzung der Treibhausgase und ihre Folgen

Durch die Einwirkung des Menschen kommt es zu einer vermehrten Aussendung (Emission) von Treibhausgasen in die Atmosphäre. Das wiederum führt zu einer zusätzlichen Erwärmung der Atmosphäre, die das derzeitige Leben auf der Erde bedroht.

Alle Treibhausgase werden in zu großem Umfang in unsere Atmosphäre entlassen. Entsprechend haben sie alle ihren Anteil an einem weltweiten Treibhauseffekt:

In ihrer Konsequenz führt die zusätzliche Freisetzung von Treibhausgasen zu einem Anstieg der Durchschnittstemperaturen und damit offensichtlich auch zu massiven Einschnitten in das Ökosystem Erde:

- Durch die damit verbundene Austrocknung der Böden werden Erosion und Versalzung zunehmen und damit die landwirtschaftliche Produktion gefährden. Dies wird eine Verschärfung der weltweiten Ernährungssituation zur Folge haben.
- Durch die Erwärmung der Erdoberfläche kommt es zu einer vermehrten Verdunstung. Daraus resultieren wiederum vermehrte Niederschläge.
- In den Tropen und Subtropen wird es zu einem Wechsel extremer Dürre- und Regenperioden kommen.
- Durch das Schmelzen der Polkappen wird der Meeresspiegel steigen und somit werden Küstengebiete und ganze Inseln überflutet. Ein Großteil der Weltbevölkerung wohnt aber in küstennahen Gebieten.
- Die Dauerfrostböden in der nördlichen Hemisphäre beginnen aufzutauen und zusätzliches Methan freizusetzen – was wiederum den Treibhauseffekt weiter anheizt.

Was zunächst wie ein Schreckensszenario klingt, scheint wissenschaftlich längst anerkannt und ist durch zahlreiche internationale Konferenzen bestätigt. Erst jetzt führen solche Warnungen zu einem Umdenken in Politik und Gesellschaft.

Informationen aus:
- *www.umweltlexikon.de*
- *www.wdr5.de*

Gas	Zusätzlicher Ausstoß	Anteil am Treibhauseffekt
Kohlendioxid (CO_2)	• durch Brandrodung • durch die Verbrennung fossiler Brennstoffe wie Kohle, Gas oder Öl	61 %
FCKW (Fluor-Chlor-Kohlenwasserstoffe)	• durch Aufschäumen von Kunststoffen • durch die Verwendung in Kühl- und Lösungsmitteln • durch den Einsatz in Spraydosen • durch die Verwendung in der Textil- und Metallreinigung	11 %
Methan (CH_4)	• durch Kohlegewinnung • durch Müllverbrennung • durch Verbrennung von Biomasse • durch den Reisanbau (Pflanzen produzieren selbst Methan) • durch die Rinderhaltung (Rinder produzieren große Mengen Methan) • durch undichte Leitungen bei der Erdgasversorgung	15 %
Ozon (O_3)	• durch Abgase in der Troposphäre	8 %
Distickstoffmonoxid (N_2O)	• durch Verwendung in der Düngung	4 %
Sonstiges		1 %

Informationen aus: www.umweltdaten.de

© Verlag an der Ruhr | Postfach 102251 | 45422 Mülheim an der Ruhr | www.verlagruhr.de | ISBN 978-3-8346-0292-3

Der Treibhauseffekt einmal anschaulich

Experimente ohne großen Aufwand

Um Experimente durchzuführen, braucht man nicht unbedingt eine Physik- oder Chemiesammlung. Die Jugendlichen profitieren nicht immer von einer professionellen Ausstattung, wenn es darum geht, komplexe naturwissenschaftliche Vorgänge im Experiment nachzuweisen. Solche Gerätschaften können teilweise zu unübersichtlich oder einfach zu teuer sein.

Vielmehr sollte man dazu übergehen, eher mit sehr einfachen Mitteln zu experimentieren, sodass jedes Kind naturwissenschaftliche Versuche nachvollziehen und sogar selbst durchführen kann. Diese Mittel kommen in der Regel nicht aus dem Katalog des Lehrmittelhandels, sondern aus Küchenschrank, Werkzeugkasten oder Badezimmer. Hier wird mit Gegenständen experimentiert, die den Jugendlichen aus ihrer alltäglichen Umwelt vertraut sind. So können sie über den Bau eines Sonnenspeichers manche Grundprinzipien der Solartechnik begreifen. Dazu brauchen sie zwei Konservendosen, von denen die eine außen schwarz angestrichen wird. Man kann die Dosen auch mit schwarzer Folie bekleben. Stellt man beide Dosen an einen sonnigen Platz, erwärmt sich die eine Dose deutlich mehr als die andere.

In der Regel wird man die Jugendlichen bitten, die notwendigen Materialien von zu Hause mitzubringen – sodass jeder seine eigene Versuchsanordnung einrichten und das Experiment selber durchführen kann. Die Ergebnisse eines solchen Versuchs werden dann gemeinsam ausgewertet und schriftlich festgehalten. Vielleicht stiften solche Erfahrungen die Jugendlichen auch dazu an, die eigene Wohnung zu einem Versuchslabor zu machen und sich eigene Experimente auszudenken. In jedem Fall werden dadurch komplizierte Vorgänge für jeden anschaulich und nachvollziehbar. Das gilt auch für einfache Experimente zum Entstehen des Treibhauseffekts.

Die folgenden Versuche bauen aufeinander auf und lassen die Jugendlichen an alltäglichen Gegenständen und Vorgängen nachvollziehen, warum und wie es zum Treibhausklima kommt.

© Verlag an der Ruhr | Postfach 102251 | 45422 Mülheim an der Ruhr | www.verlagruhr.de | ISBN 978-3-8346-0292-3

1 Experimente zum Treibhauseffekt

Forscher haben ausgerechnet, dass es auf der Erde mit der Zeit immer wärmer wird.
Und warum das so ist – das könnt ihr in fünf ganz einfachen Versuchen selbst erleben.

1. Schule des Gehens

Material:

- 1 Rotlichtlampe
  (in vielen Haushalten vorhanden, wird zur Entspannung der Muskulatur benötigt)
- einige Teppichfliesen
- 1 Augenbinde

Zunächst werden einer Person die Augen verbunden. Dann wird eine der Teppichfliesen einige Minuten vor die Rotlichtlampe gehalten. Schließlich werden alle Fliesen als Pfad auf dem Boden angeordnet. Jetzt kann die Person die Augenbinde wieder abnehmen. Sie muss nun barfuß über die ausgelegten Fliesen balancieren und feststellen, welche von ihnen vorher angestrahlt wurde.

Fragen:

- **Woran kann die Person problemlos erkennen, welche Teppichfliese vorher angestrahlt wurde?**
- **Was ist demnach mit dem Rotlicht der Lampe passiert?**

2. Der Schlangenbändiger

Material:

- 1 Blatt Papier
- 1 Schere
- 1 Faden
- 1 Kerze

Zunächst zeichnet ihr auf das Blatt Papier eine Spirale. Sie sollte etwa diese Form haben:

Dann wird diese Spirale ausgeschnitten und ihr Mittelpunkt an einem Faden befestigt. So wird aus der Spirale eine Schlange. Eine Person hält die Schlange nun etwa 20 cm über die Kerze, während eine andere Person die Kerze entzündet.

Fragen:

- **Was könnt ihr beobachten?**
- **Wie erklärt ihr euch das Phänomen?**

© Verlag an der Ruhr | Postfach 102251 | 45422 Mülheim an der Ruhr | www.verlagruhr.de | ISBN 978-3-8346-0292-3

Experimente zum Treibhauseffekt ❶

3. Einmal Feuerwehr spielen

Material:

- 1 großer Glasbehälter
- 1 kleiner Glasbehälter
- 1 kleiner Teller
- 1 Kerze

Ihr stellt die Kerze auf den Teller, zündet sie an und stülpt den großen Glasbehälter darüber. Ihr könnt damit rechnen, dass die Flamme dabei erlischt. Aber wie lange dauert es, bis das passiert?

Stoppt deshalb mit einer Stoppuhr die Zeit!

Später wiederholt ihr den Versuch mit dem kleinen Glasbehälter. Nehmt auch hier die Zeit, die es dauert, bis die Flamme erlischt.

Fragen:

- **Warum erlischt die Flamme, wenn die Kerze unter einem Glasbehälter steht?**
- **Was haben eure Messungen ergeben? Überlegt euch, warum die Flamme der Kerze unter dem großen Glasbehälter später erlischt als die Kerzenflamme unter dem kleineren Glasbehälter!**

Welche Folgen das für die Umwelt haben kann, könnt ihr im nächsten Versuch ergründen:

4. Ein Gas wie Glas

Für dieses Experiment könnt ihr wieder auf die Rotlichtlampe zurückgreifen, die ihr schon im ersten Versuch verwendet habt.

Material:

- 1 Rotlichtlampe
- 1 Thermometer
- 1 Glasscheibe

Stellt die Lampe einen Meter vom Thermometer entfernt auf, und schaltet sie ein. Lest nach fünf Minuten ab, wie sich dadurch die Temperatur verändert. Dann schiebt die Glasplatte zwischen Rotlichtlampe und Thermometer. Beobachtet auch jetzt die Temperaturveränderung.

Frage:

- **Wie verändert sich die Temperatur, wenn ihr die Glasplatte zwischen Rotlichtlampe und Thermometer schiebt? Versucht, diese Temperaturveränderung zu erklären!**

5. Im Einmachglas geht es heiß her

Material:

- 2 gleich große Einmachgläser
- 2 Haushaltsthermometer
- 1 Bogen schwarzer Karton

Ein Einmachglas wird mit dem Kopf nach unten auf den Karton gestellt, das andere mit dem Kopf nach oben. Beide Gläser befinden sich an einem Platz, an dem die Sonneneinstrahlung besonders hoch ist, und in beiden befindet sich ein Thermometer. Jeweils im Abstand von 20 Minuten kontrolliert ihr, wie sich die Temperatur in beiden Gläsern entwickelt, und notiert diese Werte.

Fragen:

- **Was haben eure Messungen ergeben?**
- **Erklärt für beide Versuchsanordnungen die Temperaturentwicklung!**

© Verlag an der Ruhr | Postfach 102251 | 45422 Mülheim an der Ruhr | www.verlagruhr.de | ISBN 978-3-8346-0292-3

❶ Experimente zum Treibhauseffekt

1. Schule des Gehens

Die mit Rotlicht bestrahlte Fliese ist leicht daran zu erkennen, dass sie im Gegensatz zu den anderen Fliesen erwärmt ist. Aus dem Licht der Rotlichtlampe ist damit Wärme geworden.

Ähnlich wie in dem Experiment verhält es sich auch mit der Sonnenstrahlung: Sie wird von der Erdoberfläche aufgenommen und in Wärme verwandelt. Die Fachleute nennen das die „Wärmestrahlung". Sie verweisen darauf, dass ohne diese Wärmestrahlung auf unserem Planeten kein Leben möglich wäre. Noch scheint es also keinen Grund zur Beunruhigung zu geben.

2. Der Schlangenbändiger

Schon nach wenigen Sekunden ist zu beobachten, dass die Schlange beginnt, sich zu drehen. Das kann nur funktionieren, weil Luft von unten aufsteigt und damit die Schlange antreibt. Dabei wird ein ganz einfaches Prinzip wirksam: Warme Luft ist leichter als kalte und kann deshalb aufsteigen. Das gilt für den Versuch – und das gilt für die Verhältnisse auf der Erdoberfläche. Auch hier steigt die erwärmte Luft nach oben; so bleiben wir vor einer übermäßigen Erwärmung geschützt. Gefährlich wird es nur, wenn die Luft über das natürliche Maß hinaus erwärmt wird.

3. Einmal Feuerwehr spielen

Die Kerzenflamme geht aus, wenn die Luft im Glas verbraucht ist. Denn beim Verbrennen verbindet sich der in der Kerze enthaltene Kohlenstoff (C) mit dem Sauerstoff der Luft (O_2), und aus dieser Verbindung wird Kohlendioxid (CO_2). Wenn kein neuer Sauerstoff zugeführt wird, erlischt die Flamme, sobald der Sauerstoff unter dem Glasbehälter verbraucht ist. Im Vergleich zu dem kleineren Glasbehälter enthält der große Behälter jedoch mehr Sauerstoff, sodass der Vorgang der Verbrennung hier länger andauern kann.

Die Kerze im Experiment ist ein Energieträger, so wie Kohle oder Erdöl. Auch wenn diese Rohstoffe verbrannt werden, entsteht Kohlendioxid.

4. Ein Gas wie Glas

Die Temperatur fällt ab, wenn die Glasplatte vor das Thermometer geschoben wird. Das Glas leitet zwar das sichtbare Licht weiter, die Wärmestrahlung aber wird weitgehend zurückgehalten. Untersuchungen haben ergeben, dass sich Kohlendioxid ganz ähnlich verhält wie eine Glasplatte. Je mehr Kohlendioxid also auf der Erdoberfläche freigesetzt wird, um so weniger Wärme kann wieder abgegeben werden. Das Kohlendioxid legt sich wie ein Glaspanzer um die Erde, sodass sie sich immer weiter erwärmt, so wie ein Auto, das zu lange in der Sonne gestanden hat.

5. Im Einmachglas geht es heiß her

Der Versuch zeigt, dass die Temperatur steigt, wenn ein Einmachglas geschlossen ist, und dass sie sinkt, wenn ein Glas offen bleibt. Wenn die Luft im Glas entweichen kann, wird offensichtlich auch Wärme abgegeben. Ist ein solcher Luftaustausch nicht möglich, kommt es zu einer stärkeren Erwärmung. Auch hier wird sich mancher an das Auto erinnert fühlen, das zu lange in der Sonne gestanden hat. – Viel interessanter aber ist ein Vergleich mit der die Erde umgebenden Lufthülle, der Atmosphäre. Wenn die erwärmte Luft nicht mehr abgegeben werden kann, heizt sich die Luft auf wie in einem geschlossenen Einmachglas. Weil das Kohlendioxid wie ein Deckel wirkt, der den Luftaustausch verhindert, kommt es zu einer entsprechenden Erwärmung unseres Planeten. Die Atmosphäre erwärmt sich wie in einem Treibhaus. Deshalb spricht man auch vom „Treibhausklima" oder vom „Treibhauseffekt".

© Verlag an der Ruhr | Postfach 102251 | 45422 Mülheim an der Ruhr | www.verlagruhr.de | ISBN 978-3-8346-0292-3

Die Klimakatastrophe in Zahlen

Den Tätern auf der Spur

Die Aufheizung der Atmosphäre durch Treibhausgase ist kein unabwendbares Schicksal. Weil wir die Ursachen kennen, sind uns auch die Verursacher bekannt. So lohnt es sich, einmal der Herkunft dieser gefährlichen Emissionen nachzugehen. Für die Bundesrepublik Deutschland liegt eine solche Untersuchung z.B. für den Ausstoß von Kohlendioxid vor.

Ausstoß von Kohlendioxid

1.	Industrieprozesse	2,8 %
2.	Kleinverbraucher (Handwerk, kleine Gewerbebetriebe)	6,9 %
3.	Haushalte	14,0 %
4.	Industrie	12,7 %
5.	Verkehr	20,1 %
6.	Energieerzeugung, Umwandlung	43,5 %

Diese Zahlen sind auch für Jugendliche interessant, allerdings verstärken sie oft das Vorurteil, im eigenen Umfeld ohnehin nicht viel ausrichten zu können.

Bei der Suche nach Ursachen und Verursachern im internationalen Vergleich fällt auf, dass es vor allem die reichen Länder der nördlichen Hemisphäre sind, deren Emissionen das Weltklima gefährden. In einem Entwicklungsland, wie Indien, fallen in jedem Jahr Pro-Kopf-Emissionen in Höhe von 1,0 Tonnen Kohlendioxid an. Im weltweiten Durchschnitt aber sind es 4,0 Tonnen. Die Vereinigten Staaten bringen es gar auf einen Pro-Kopf-Ausstoß von 19,8 Tonnen im Jahr. Damit gefährden die Industrienationen alle Bewohner dieses Planeten und nicht nur die eigene Bevölkerung. Während die Gewinne aus dem Energiegeschäft weitgehend im Lande bleiben, haben unter den Folgen alle zu leiden. Es sitzen alle in einem Boot.

Allerdings wird man auch unter den Verursacherländern zu unterscheiden haben: Da sind z.B. Staaten, die selbst von der Produktion und vom Verkauf fossiler Energieträger leben. Von ihnen kommt der größte Widerstand, wenn gemeinsame Strategien zum Schutz des Weltklimas vereinbart werden sollen. Solche Länder sind die Vereinigten Staaten und Russland. Sie verfolgen primäre Verursacherinteressen und haben bisher schon manche internationale Konvention vereitelt. Ihnen stehen Länder wie Japan oder Frankreich gegenüber, denen eher ein sekundäres Verursacherinteresse unterstellt werden kann. Diese Länder sind in einem hohen Maße auf Energieimporte angewiesen, oder es ist Ziel ihres politischen Handelns, nicht länger von fossilen Energieträgern, wie Kohle oder Gas, abhängig zu sein. Auch bei den Entwicklungsländern ist dieser Interessengegensatz sichtbar: Länder, die auf Deviseneinnahmen aus dem Ölgeschäft angewiesen sind, blockieren deshalb entsprechende Vereinbarungen zum Schutz des Weltklimas. Die „Habenichtse" der südlichen Hemisphäre dagegen müssen die Folgewirkungen des Treibhauseffektes aushalten, ohne davon in irgendeiner Weise profitieren zu können.

Informationen aus: www.umweltbundesamt.de

© Verlag an der Ruhr | Postfach 102251 | 45422 Mülheim an der Ruhr | www.verlagruhr.de | ISBN 978-3-8346-0292-3

2 Schreckgespenst Statistik

Schätzen – Knobeln – Spekulieren

Zahlen sind unbestechlich, und sie lassen sich nur schwerlich beschönigen. Wer sich ein Bild vom Zustand unseres Planeten machen möchte, ist deshalb auf solche Zahlen und Daten, ist auf Statistiken und Diagramme angewiesen.

Damit aber tun sich viele Jugendliche schwer. Sie haben sich in einer Kultur der bewegten Bilder eingerichtet. Nackte Zahlen sind ihnen nicht anschaulich, nicht griffig genug. Fühlen sie sich oft schon damit überfordert, ein Buch zu lesen, so empfinden sie die Lektüre einer Statistik erst recht als Zumutung.

Andererseits können sich auch unsere Jugendlichen der Magie der Zahlen nicht ganz entziehen. So kommt es immer wieder vor, dass z.B. ein Schüler der 5. oder 6. Klasse die Punktekonten und Torverhältnisse sämtlicher Bundesliga-Mannschaften aufsagen kann. Und manchen Schülern der oberen Klassen sind die aktuellen Börsennotierungen der SAP AG besser vertraut als der eigene Stundenplan.

Eine statistische Rallye nutzt diesen Widerspruch aus: Hier haben sich die Jugendlichen 30 Minuten lang mit trockenen Zahlen zu beschäftigen. Aber die Zahlen werden für sie dabei zu Objekten des Schätzens, Knobelns und Spekulierens. Sie sind allein auf ihre Kombinationsfähigkeit und auf ihren gesunden Menschenverstand angewiesen. Weil die Rallye als ein Wettbewerb organisiert ist, der zwischen verschiedenen Gruppen ausgetragen wird, sind sie zusätzlich motiviert. Gleichzeitig lernen sie dabei z.B. mit Diagrammen umzugehen. Und außerdem haben sie hier Gelegenheit, ihre Kenntnisse des Prozentrechnens auf spielerische Art aufzufrischen.

Für die statistische Rallye wird die Jugendgruppe in sechs Gruppen aufgeteilt. Außerdem sind Tische zu sechs Stationen zusammengestellt. Zu Beginn des Wettbewerbs erhält jede Gruppe ein Stationen-Protokoll. Hier werden die Ergebnisse der einzelnen Stationen notiert. Außerdem erfährt hier jede Gruppe, in welcher Reihenfolge sie die einzelnen Stationen zu absolvieren hat.

Jede Gruppe beginnt mit einer anderen Station, und alle Gruppen gehen entweder im Uhrzeigersinn oder gegen den Uhrzeigersinn immer eine Station weiter. So werden Kollisionen vermieden.

© Verlag an der Ruhr | Postfach 102251 | 45422 Mülheim an der Ruhr | www.verlagruhr.de | ISBN 978-3-8346-0292-3

Stationen-Protokoll

In diesem Protokoll haltet ihr fest, wie viele Punkte ihr an den einzelnen Stationen eingesammelt habt:

Station 1:

Station 2:

Station 3:

Station 5:

Station 6:

Eine Ausnahme macht lediglich **Station 4**. Denn hier habt ihr bestimmte Zahlen zu schätzen. Wie gut ihr dabei abgeschnitten habt, das soll anschließend im Vergleich mit den anderen Gruppen ermittelt werden.

An jeder Station findet euer Team Aufgabenblätter in ausreichender Menge vor und einen Umschlag mit der Lösung der vorangegangenen Aufgabenstellung. So könnt ihr überprüfen, wie gut oder schlecht euer Team gearbeitet hat. Im Gespräch wertet ihr anschließend die noch offen gebliebenen Schätzfragen aus und vergleicht dann die Ergebnisse mit denen der anderen Teams.

Was bleibt, könnte ein Eindruck von den Dimensionen sein, in denen sich das Weltklima auf eine Katastrophe zubewegt.

1. Station: Länder-Ranking

Ein Ranking ist so etwas wie eine Hitparade: Wer die höheren Werte aufweisen kann, steht ganz oben auf der Liste, wer nur wenig beisteuern kann, steht ganz unten. Beim folgenden Ranking geht es darum, wie viel Energie die Menschen in den unterschiedlichen Ländern verbrauchen. Dabei wird jeweils der jährliche Pro-Kopf-Verbrauch zu Grunde gelegt. Maßeinheit dafür sind die sogenannten „Steinkohleeinheiten“ – eine international eingeführte Einheit zur Erfassung von Energiemengen.

Eure Aufgabe ist es, für jedes der aufgeführten Länder einen Platz in der internationalen Hitparade der Energieverbräuche festzulegen. Das Land mit dem höchsten Pro-Kopf-Verbrauch an Energie muss dann auf dem ersten Platz liegen, und das mit dem geringsten Energieverbrauch auf dem sechsten.

Australien:

Deutschland:

Italien:

Japan:

Russland:

USA:

© Verlag an der Ruhr | Postfach 102251 | 45422 Mülheim an der Ruhr | www.verlagruhr.de | ISBN 978-3-8346-0292-3

2 Stationenlauf

2. Station: Blinde Diagramme

Statistische Zahlen werden oft in Form so genannter „Torten-Diagramme“ dargestellt: Jedes „Tortenstück“ entspricht einer bestimmten Prozentzahl, während die gesamte Torte für 100 Prozent steht.

Die folgenden drei Tortendiagramme zeigen, wie groß die Vorräte der einzelnen Kontinente und Großräume an den Energievorkommen sind:

Ein Diagramm zeigt die Verteilung der Kohlevorräte, eines die Verteilung der Erdgasvorkommen und ein drittes die Verteilung der Vorräte an Erdöl. Die Frage ist nur: Welches Diagramm bezieht sich auf welchen Energieträger? – Das sollt ihr herausbekommen durch Knobeln, Schätzen und Diskutieren.

- **Welches Diagramm zeigt, wie sich die Kohlevorräte verteilen?**
- **Welches Diagramm gibt Aufschluss über die Verteilung der Erdölvorkommen?**
- **Welches Diagramm veranschaulicht die Anteile der einzelnen Kontinente und Länder an den Erdgasvorräten?**

Diagramm 2

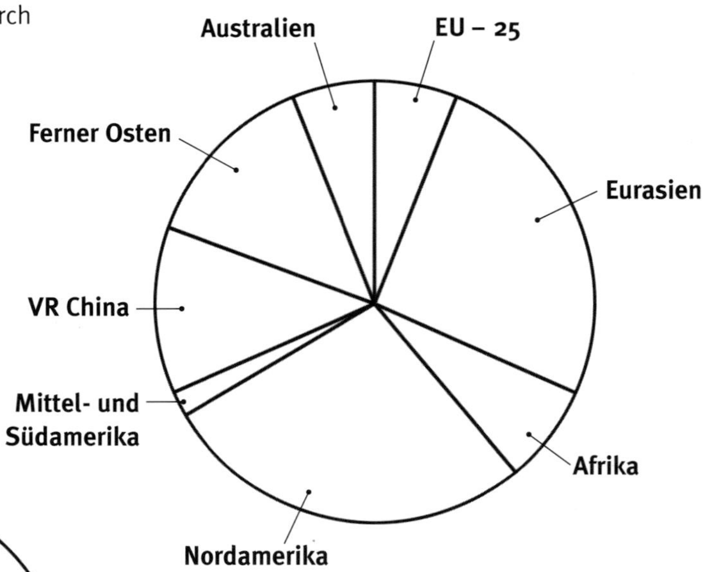

Diagramm 1

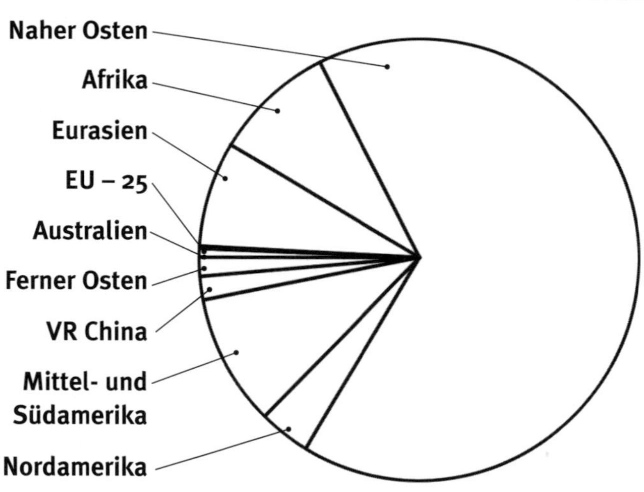

Diagramm 3

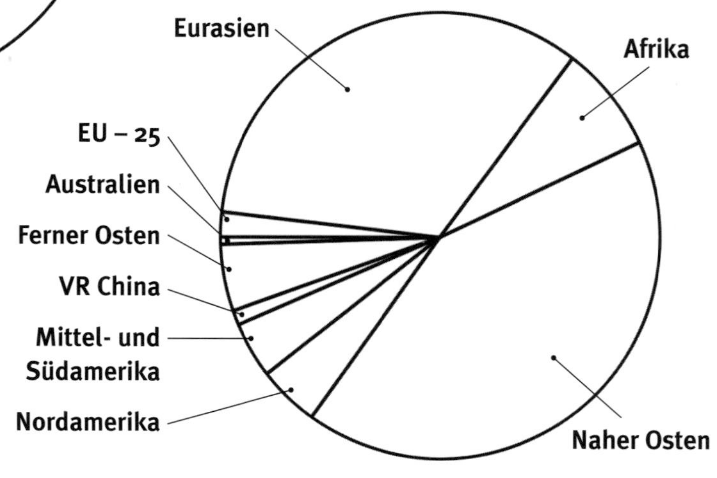

© Verlag an der Ruhr | Postfach 102251 | 45422 Mülheim an der Ruhr | www.verlagruhr.de | ISBN 978-3-8346-0292-3

3. Station: Statistisches Lotto

Um ein „Lotto“ im eigentlichen Sinne geht es bei dieser Station gar nicht. Denn ihr sollt die richtigen Zahlen nicht raten, sondern schätzen. Diesmal geht es darum, wie unser Land seinen Energiebedarf deckt und inwieweit es dabei auf Importe aus anderen Ländern angewiesen ist.

Dazu liegen euch neun Zahlen vor. Zu jeder Zahl gehört eine entsprechende Aussage. Welche Zahl jeweils zu welcher Aussage passt – das sollt ihr herausfinden. Schreibt deshalb den entsprechenden Buchstaben zu der Zahl, die ihr für die richtige haltet.

____	60,8	____	13,0	____	1,3
____	0,0	____	10,9	____	100
____	12,6	____	98,7	____	35,7

A) So hoch war der Anteil der Steinkohle am Energieverbrauch in der Bundesrepublik Deutschland im Jahr 2006 (in %).

B) So hoch war der Anteil des Mineralöls am Energieverbrauch in der BRD im Jahr 2006 (in %).

C) So hoch war der Anteil der Braunkohle am bundesdeutschen Primärenergieverbrauch 2005 (in %).

D) So hoch war der Anteil der Windkraft und der Wasserkraft am Energieverbrauch 2006 (in %).

E) So hoch war der Anteil am Energieverbrauch von Kernernergie 2006 (in %).

F) So viel des in der Bundesrepublik verarbeiteten Erdöls muss aus anderen Ländern importiert werden (in %).

G) So hoch ist der Anteil des Imports an Steinkohle, der für die Energiegewinnung benötigt wird (in %).

H) So hoch ist die Importquote bei der Braunkohle (in %).

I) Und so ist der Importanteil beim Uran, also bei dem Rohstoff, der für die Kernenergie benötigt wird (in %).

4. Station: Zahlen schätzen

Wie ihr wisst, ist unser Klima vor allem durch die Verbreitung gefährlicher Gase bedroht. Diese Gase verwandeln die Atmosphäre in ein „Treibhaus“ und tragen damit zur Aufheizung unseres Planeten bei. Aber welche Gase sind das eigentlich – und wie hoch ist ihr Beitrag zur Entstehung des „Treibhauseffekts“?

Hier werden euch die unterschiedlichen Gase vorgestellt. Eure Aufgabe ist es, jeweils abzuschätzen, in welchem Umfang sie an der Entstehung dieses Treibhauseffekts beteiligt sind. Notiert dazu auf eurem Rallye-Protokoll die von euch geschätzten Prozentzahlen. Unter dem Strich sollte sich euer Gesamtergebnis auf 100% belaufen.

Kohlendioxid wird freigesetzt, wenn fossile Brennstoffe, wie Kohle, Gas oder Öl, verbrannt werden. Das gilt z.B. auch für die Brandrodung in vielen Ländern der Dritten Welt. Wie hoch dürfte der Anteil des Kohlendioxids an der Entstehung des Treibhausklimas sein?

Ozon wird vor allem durch Abgase in die Atmospäre abgegeben. In welchem Umfang dürfte das Ozon zum Treibhauseffekt beitragen?

Distickstoffmonoxid entsteht vor allem durch den Einsatz von Düngemitteln. Wie hoch könnte sein Anteil sein?

FCKW wurde in Kühl- und Lösungsmitteln verwendet und war in vielen Sprays enthalten. Es wurde beim Aufschäumen von Kunststoffen und in der Textilreinigung verwendet. Heute ist die Verwendung von FCKW in vielen Bereichen verboten bzw. stark eingeschränkt, denn die Gase sind schwer abbaubar. Wie stark ist FCKW an der Entstehung des Treibhausklimas beteiligt?

Methan wird bei der Müllverbrennung, aber auch in der Landwirtschaft, Viehzucht oder bei der Kohleförderung frei. In welchem Umfang trägt Methan zum Treibhauseffekt bei?

Und das sind eure Schätzwerte für

Kohlendioxid: ( )   **FCKW:** ( )

Ozon: ( )   **Methan:** ( )

Distickstoffmonoxid: ( )   **Sonstige:** ( )

© Verlag an der Ruhr | Postfach 102251 | 45422 Mülheim an der Ruhr | www.verlagruhr.de | ISBN 978-3-8346-0292-3

2 Stationenlauf

5. Station: Stumme Weltkarte

Jede Landkarte enthält zahlreiche Beschriftungen: Jedes Land, jede Stadt und jeder Fluss sind jeweils mit ihren Namen aufgeführt. Die Weltkarte, die euch hier vorliegt, kommt dagegen ganz ohne Beschriftungen aus. Weil ihr aber die Umrisse der einzelnen Kontinente kennt, fällt euch die Orientierung bestimmt nicht schwer.

Diesmal geht es um die Länder, Kontinente oder Regionen, aus denen die Bundesrepublik ihr Erdöl bezieht und von denen sie in einem bestimmten Sinne abhängig ist. Diese Länder oder Regionen sind jeweils durch ein Kästchen kenntlich gemacht. Eure Aufgabe ist es, in diese Kästchen die in die Bundesrepublik gelieferte Erdölmenge einzutragen. Die genannten Zahlen beziehen sich jeweils auf den Zeitraum eines Jahres.

Und das sind die Zahlen, die ihr den sechs Ländern, Kontinenten oder Regionen zuordnen müsst:

8 016 t	20 914 t	1 332 t
38 293 t	17 289 t	14 559 t

(in 1 000 t)

A Venezuela
B Afrika
C Naher Osten
D Großbritannien
E Norwegen
F Russland

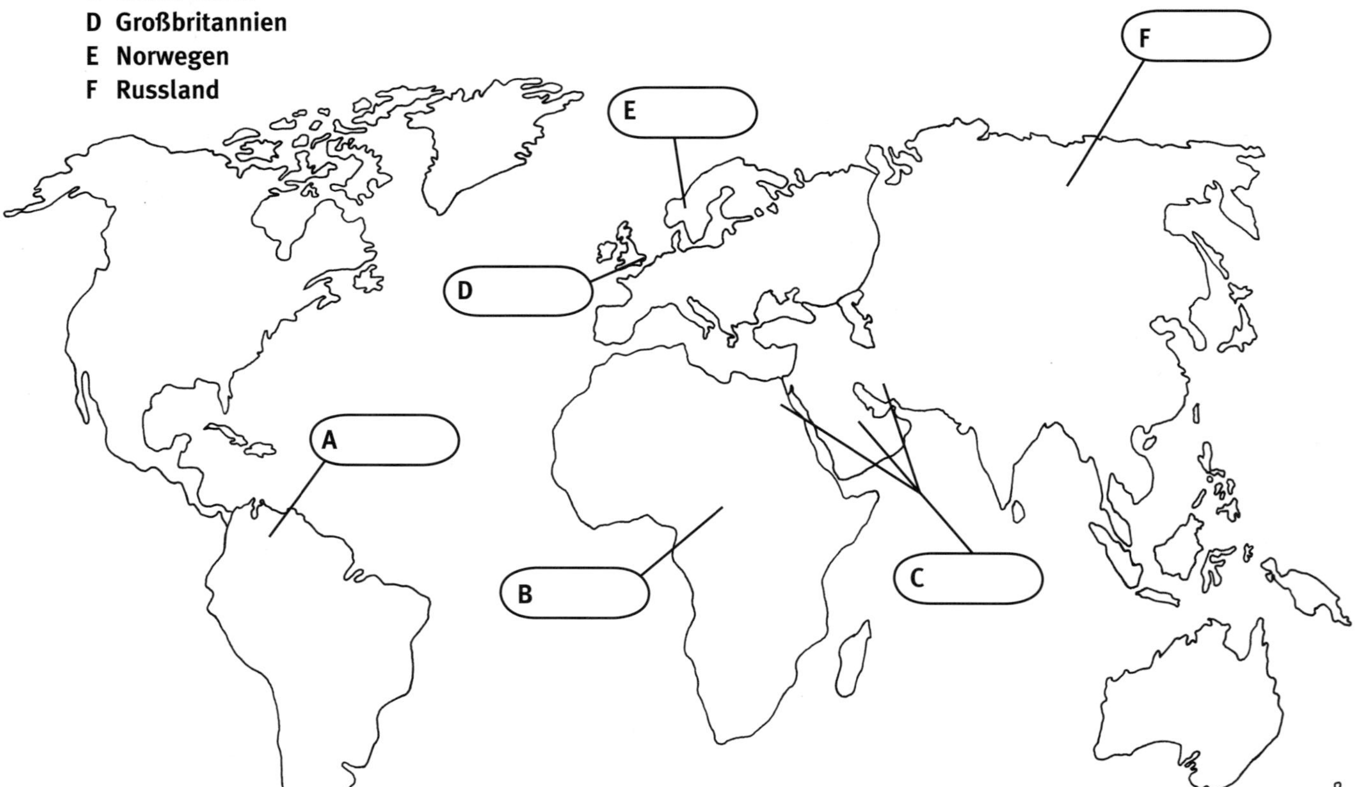

© Verlag an der Ruhr | Postfach 102251 | 45422 Mülheim an der Ruhr | www.verlagruhr.de | ISBN 978-3-8346-0292-3

6. Station: Diagramme beschriften

Diesmal geht es um die Frage, warum die Atmosphäre immer mehr zu einem Treibhaus wird und wer dafür eigentlich verantwortlich ist. Euch liegen dazu zwei Kreis- oder Tortendiagramme vor: Das erste Diagramm zeigt, welche Vorgänge weltweit zu dem beschriebenen Treibhauseffekt führen. Das zweite Diagramm veranschaulicht, wer für den Ausstoß des Kohlendioxids verantwortlich ist. Die entsprechenden Anteile sind auf das Gebiet der Bundesrepublik Deutschland bezogen.

Diese Diagramme sind noch nicht beschriftet. Das sollt ihr nachholen. Ihr sollt deshalb beiden Kreisdiagrammen die vorgegebenen Begriffe richtig zuordnen. Mit ein bisschen Nachdenken dürfte das gar nicht so schwierig sein.

Schuld an der Entstehung des Treibhausklimas weltweit sind:

A) Land- und Forstwirtschaft
B) Energieversorgung
C) Industrie
D) Transport
E) Gebäude
F) Sonstige

Diagramm 1

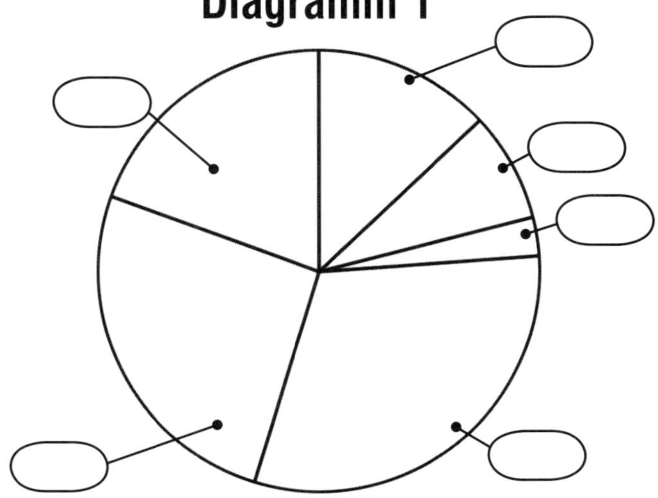

Schuld am Ausstoß des Kohlendioxids (CO_2) sind in der Bundesrepublik Deutschland:

A) Industrie
B) Gewerbe/Handel/Dienstleistungen
C) Privathaushalte
D) Verkehr
E) Energie

Diagramm 2

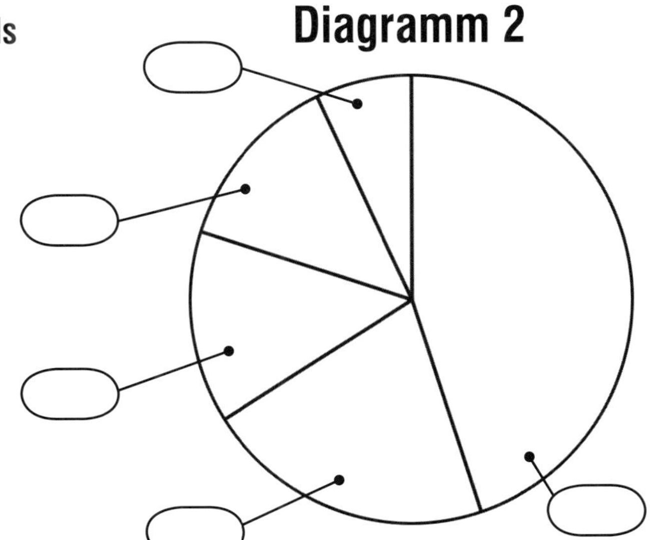

Informationen aus:
- *www.umweltbundesamt.de*
- *Die Tageszeitung: Nur noch 20 Jahre Zeit. 23.2.2007*

© Verlag an der Ruhr | Postfach 102251 | 45422 Mülheim an der Ruhr | www.verlagruhr.de | ISBN 978-3-8346-0292-3

2 Stationenlauf

1. Station:

Und das wäre die richtige Platzierung gewesen:

Platzierung	Land/Erdteil	Pro-Kopf-Verbrauch in Steinkohleeinheiten (SKE)
1.	USA	11,0 t SKE
2.	Australien	8,1 t SKE
3.	Russland	5,8 t SKE
4.	Deutschland	5,5 t SKE
5.	Japan	5,3 t SKE
6.	Italien	4,2 t SKE

Auswertung:

Für jede richtige Platzierung könnt ihr euch einen Punkt gutschreiben.

2. Station:

Das erste Diagramm zeigt die Verteilung der Erdölvorräte. Man erkennt das vor allem am hohen Anteil des Nahen Ostens. Hier werden 66,2 % der weltweiten Ölvorkommen vermutet.

Das zweite Diagramm steht für die Verteilung der Kohlevorräte. Hier fallen vor allem die hohen Werte für Nordamerika und Eurasien auf (27 % und 25 %)

Das dritte Diagramm demonstriert, wie sich die Erdgasvorräte weltweit verteilen. Besonders kennzeichnend sind dabei die Vormachtstellungen des Nahen Ostens (42,0 %) und Eurasiens (33,4 %).

Auswertung:

Für jedes richtig zugeordnete Diagramm stehen euch zwei Punkte zu.

3.

Das wären die richtigen Zuordnungen gewesen:

G	60,8	A	13,0	D	1,3
H	0,0	C	10,9	I	100,0
E	12,6	F	98,7	B	35,7

Auswertung:

Für jede richtige Zuordnung bekommt ihr einen Punkt.

© Verlag an der Ruhr | Postfach 102251 | 45422 Mülheim an der Ruhr | www.verlagruhr.de | ISBN 978-3-8346-0292-3

4. Station:

So tragen die genannten Gase zur Entstehung des Treibhausklimas bei:

Kohlendioxid	61 %	Ozon	8 %
Distickstoffmonoxid	4 %	FCKW	11 %
Methan	15 %	Sonstige	1 %

Auswertung:

Diejenige Gruppe, die dem Anteil eines bestimmten Gases am nächsten gekommen ist, bekommt dafür jeweils einen Punkt zugesprochen.

5. Station:

Venezuela (A) liegt in Lateinamerika. Von dort bezieht die Bundesrepublik **1 332 Tonnen** Erdöl.

Wesentlich größer sind die Importe aus **Afrika (B)**. Von dort kommen **20 914 Tonnen.**

Aus dem **Nahen Osten (C)** kommt Erdöl in einem Umfang von **8 016 Tonnen** zu uns.

Aus **Großbritannien (D)** bezieht die Bundesrepublik **14 559Tonnen** Erdöl und aus **Norwegen (E) 17 289 Tonnen.**

Größter Handelspartner auf dem Ölmarkt aber ist **Russland (F)** mit einem Anteil von **38 293 Tonnen**. *(in 1 000 t)*

Auswertung:

Für jede richtige Zuordnung könnt ihr euch einen Punkt gutschreiben lassen.

6. Station:

Diagramm 1

Den größten Anteil an der Entstehung des Treibhausklimas hat weltweit die **Land- und Forstwirtschaft**. Er beträgt **30,9 %**. Die **Energieversorgung** trägt mit einem Anteil von **25,9 %** dazu bei. Auch beteiligt sind **Industrie** mit **19,4 %**, **Transport** mit **13,1 %**, **Gebäude** mit **7,9 %** und **Sonstige** mit **2,8 %**.

Diagramm 2

Auf dem Gebiet der Bundesrepublik ist der **Energie**verbrauch mit einem Anteil von **45 %** an der Freisetzung von Kohlendioxid beteiligt. Verursacher sind auch die **Privathaushalte** mit einem Anteil von **14 %**. Weitere Verursacher sind der **Verkehr** mit **21 %** und die **Industrie** mit **13 %**, sowie **Gewerbe/Handel/ Dienstleistungen** mit **7 %**.

Auswertung:

Für jede richtige Zuordnung hat sich eure Gruppe einen Punkt verdient.

Informationen aus: Bundesministerium für Wirtschaft u. Technologie (Hrsg.): Energie-Daten 2006

© Verlag an der Ruhr | Postfach 102251 | 45422 Mülheim an der Ruhr | www.verlagruhr.de | ISBN 978-3-8346-0292-3

3 CO_2 – ein besonderes Gas

Kohlendioxid – einmal nützlich, einmal schädlich

Anders als z.B. das Schwefeldioxid ist das Kohlendioxid (CO_2) zunächst kein Schadgas im engeren Sinne. Es fällt als Abfallprodukt bei der Energiegewinnung bestimmter Organismen an und dient gleichzeitig als Nährstoff für den Aufbau neuer Organismen. Pflanzen benötigen CO_2 für die Produktion von Sauerstoff (O_2). Für die Biosphäre ist das Kohlendioxid deshalb lebensnotwendig. Problematisch aber ist die vom Menschen verursachte Produktion von Kohlendioxid, weil sie die Grundlagen menschlicher Existenz bedroht. Dieses anthropogen erzeugte Kohlendioxid wird vor allem bei der Verbrennung fossiler Energieträger sowie bei der in großem Umfang betriebenen Brandrodung frei. Insgesamt wird der Anteil des Kohlendioxids an der Entstehung des zusätzlichen Treibhauseffekts auf ca. 60% geschätzt.

Für die Veränderung des Weltklimas sind die direkten Wirkungen des Kohlendioxids ebenso maßgeblich wie die indirekten, die durch einen veränderten Strahlungshaushalt veranlasst werden. Problematisch erscheint dabei vor allem der Umstand, dass sich der Ausstoß von Kohlendioxid immer mehr beschleunigt und dass daran auch internationale Vereinbarungen bisher nichts geändert haben. So wurden zu Beginn des 20. Jahrhunderts noch 296 ppm (parts per million; dt. = 1 Teil auf 1 Mio. Teile; gebräuchliche Einheit, um auch kleinste Konzentrationen angeben zu können) Kohlendioxid gemessen. 2006 lag der Wert bei etwa 380 ppm. Die pp-Einheiten entsprechen nicht den Einheiten des internationalen Einheitensystems (SI-Einheiten), die auch in Deutschland gesetzlich vorgeschrieben sind.

1 ppm entspricht demnach

1 g/t in SI-Einheiten.

Der Mensch setzt inzwischen innerhalb von nur zwei Jahren so viel Kohlendioxid frei, wie in der Karbonzeit in einer Million Jahren bei der Kohlebildung gespeichert wurde.

Nur die Hälfte dieser Emissionsmenge kann von den Ozeanen aufgenommen werden, die andere Hälfte trägt zum Treibhauseffekt und damit zur Klimakatastrophe bei.

Für die Bundesrepublik Deutschland wurde im Jahr 2004 ein Kohlendioxidausstoß in Höhe von 860 Mio t veranschlagt.

Zunächst gilt es also, den Blick dafür zu schärfen, dass Komfort und Konsum in entwickelten Gesellschaften durch einen zusätzlichen Ausstoß von Kohlendioxid erkauft sind und dass eine Reduzierung dieser Menge nur um den Preis veränderter Lebensgewohnheiten zu haben ist.

Informationen aus:

- *www.unesco.de*
- *www.spiegel.de*
- *www.bine.info*

© Verlag an der Ruhr | Postfach 102251 | 45422 Mülheim an der Ruhr | www.verlagruhr.de | ISBN 978-3-8346-0292-3

Kein Tag ohne E-Geräte 3

Zahlen, die uns selbst betreffen

Bei uns haben sich die Jugendlichen längst daran gewöhnt, Müllmengen, Säureanteile und Belastungskoeffizienten aufzulisten – ohne sich dadurch weiter beunruhigen zu lassen.

Aufgabe der ökologischen Bildung muss es deshalb sein, die Beteiligung jedes Einzelnen sichtbar zu machen und seine Betroffenheit in Erinnerung zu rufen. Meist haben die Jugendlichen von sich aus den Eindruck, außer Computer, Fernsehen und Licht nahezu ganz ohne Elektrogeräte auszukommen. Dieser erste Eindruck aber wird rasch korrigiert, wenn sie im Einzelnen festhalten, auf welche Geräte sie in ihrem Alltag angewiesen sind. Ihre Aufzeichnungen reichen vom Radiowecker, der elektrischen Zahnbürste und der Kaffeemaschine am Morgen bis zum Computer, dem CD-Player und der Nachttischlampe am Abend. Aber auch der Overheadprojektor, der Kopierer oder der Brennofen gehen in die Bilanz eines einzelnen Tages ein. Manche Jugendlichen kommen dabei auf über 20 Elektrogeräte, die ihnen längst selbstverständlich sind und die doch in der persönlichen Energiebilanz zu Buche schlagen.

Wenn die Jugendlichen nicht nur ihren persönlichen Energieverbrauch aufschlüsseln, sondern auf dieser Basis auch den entspechenden Ausstoß an Kohlendioxid errechnen, ergibt das ihre ganz persönliche CO_2-Bilanz.

Dabei ist die beanspruchte Heizenergie ebenso zu berücksichtigen wie alle Formen der Wasseraufbereitung (Duschen, Baden, Hände waschen). Vorgänge wie das Kochen, Backen oder Braten gehen in die CO_2-Bilanz ebenso ein wie die Teilnahme am Verkehr oder der Verbrauch von Trinkwasser. Als Einstieg in die Aufstellung eines persönlichen CO_2-Kontos bietet sich jedoch der Umgang mit Elektrogeräten an, weil hier der individuelle Anteil des einzelnen Jugendlichen noch am leichtesten zu berechnen ist.

Wie viel Messarbeit und Messkompetenz man den Jugendlichen dabei zutrauen darf, das hängt ganz von dem jeweiligen Alter ab. Jüngere Jugendliche könnten sich damit überfordert fühlen. Deshalb wird man ihnen die entsprechenden Maßzahlen vorgeben, die immer nur einen Durchschnittswert darstellen.

Wirklich Sinn macht ein solches Projekt natürlich nur, wenn die Jugendlichen ihre persönliche CO_2-Bilanz in regelmäßigen Abständen überprüfen. Nur so wird ihnen einleuchten, dass ihr ganz persönlicher Beitrag zum Energiesparen nicht ganz umsonst war.

Informationen aus:
- *www.asew.de*

Durchschnittlicher Stromverbrauch unterschiedlicher Elektrogeräte:

Kühl-/Gefrierkombination	0,6	kWh	(ermittelt über einen Tag)
Waschmaschine	0,9	kWh	(pro 60°-Waschgang)
Farbfernseher	0,007	kWh	(ermittelt über eine Stunde Laufzeit)
PC mit Monitor	1,2	kWh	(im Leerlauf)

Durchschnittlicher Stromverbrauch bei Neugeräten im Stand-by-Betrieb (kWh/Jahr)

Fernseher	69	kWh/a
Videorekorder	109	kWh/a
Anrufbeantworter	35	kWh/a
Faxgeräte	69	kWh/a
CD-Player	50	kWh/a
Satellitenempfänger	83	kWh/a
PC mit Monitor	35	kWh/a

© Verlag an der Ruhr | Postfach 102251 | 45422 Mülheim an der Ruhr | www.verlagruhr.de | ISBN 978-3-8346-0292-3

3 Meine ganz persönliche CO_2-Bilanz

Messprotokoll

Trage in dieses Protokoll – zunächst mit Bleistift – nur deine Ergebnisse ein.
Die Rechnungen führst du auf einem Extrablatt durch.
Denke daran, auch den Stromverbrauch der Elektrogeräte im Stand-by-Betrieb zu berechnen. Beziehe diese Ergebnisse in deine CO_2-Bilanz mit ein.

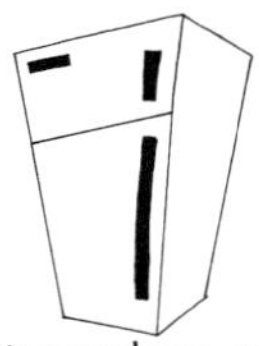

1. Kühlschrank

• Deine Messung hat ergeben, wie viel Strom euer Kühlschrank ermittelt über einen Zeitraum von 24 Stunden verbraucht: ...... kWh
• Euer Kühlschrank ist an ungefähr ..... Tagen im Jahr im Einsatz. Bei einem durchschnittlichen Stromverbrauch von ...... kWh ergibt das eine Gesamtsumme von ...... kWh
• Weil der Kühlschrank von .... Personen genutzt wird, musst du diese Zahl durch .... dividieren. Daraus ergibt sich ein individueller Verbrauch in Höhe von ...... kWh
• Weil jede kWh Strom einen Ausstoß von 0,6 kg Kohlendioxid zur Folge hat, belastet deine Nutzung des Kühlschranks die Atmosphäre in jedem Jahr mit ..... kg CO_2

2. Waschmaschinen

• Deine Messung hat ergeben, wie viel Strom eure Waschmaschine bei einem Einsatz verbraucht: ...... kWh
• Eure Waschmaschine ist ungefähr .... mal in der Woche im Einsatz. Auf das ganze Jahr berechnet wären das .... Einsätze. Bei einem durchschnittlichen Stromverbrauch von ...... kWh ergibt das eine Gesamtsumme von ...... kWh
• Weil die Waschmaschine von ..... Personen genutzt wird, musst du die Gesamtsumme durch diese Zahl dividieren. Daraus ergibt sich ein individueller Verbrauch in Höhe von ...... kWh
• Weil jede kWh Strom einen Ausstoß von 0,6 kg Kohlendioxid zur Folge hat, belastet deine Nutzung der Waschmaschine die Atmosphäre in jedem Jahr mit ..... kg CO_2

3. Farbfernseher

• Deine Messung hat ergeben, wie viel Strom euer Fernseher in 24 Stunden verbraucht: ..... kWh
Du hast dabei auch berücksichtigt, ob er auf Stand-by-Betrieb gestellt ist oder nur bei Bedarf eingeschaltet wird.
• Euer Farbfernseher ist ungefähr ...... Stunden am Tag in Betrieb. Bei einer durchschnittlichen Nutzung von ...... Tagen wären das auf das ganze Jahr berechnet ...... Stunden. Bei einem durchschnittlichen Stromverbrauch von ...... kWh ergibt sich eine Gesamtsumme von ..... kWh
• Weil der Farbfernseher von ..... Personen genutzt wird, musst du die Gesamtsumme durch diese Zahl dividieren. Daraus ergibt sich ein individueller Verbrauch von ..... kWh
• Weil jede kWh Strom einen Ausstoß von 0,6 kg Kohlendioxid zur Folge hat, belastet deine Nutzung des Farbfernsehers die Atmosphäre in jedem Jahr mit ..... kg CO_2

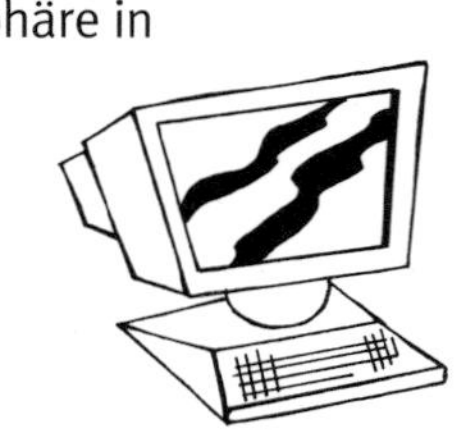

4. Computer

• Deine Messung hat ergeben, wie viel Strom dein Computer in 24 Stunden verbraucht: ..... kWh
• Du hast dabei auch gemessen ob und, wenn ja, wie viel Strom er im abgeschalteten Zustand verbraucht. Dein Computer ist ungefähr .... Stunden am Tag in Betrieb. Bei einer durchschnittlichen Nutzung von .... Tagen wären das auf das ganze Jahr berechnet .... Stunden. Bei einem durchschnittlichen Stromverbrauch von .... kWh ergibt sich eine Gesamtsumme von ..... kWh
• Weil jede kWh Strom einen Ausstoß von 0,6 kg Kohlendioxid zur Folge hat, belastet deine Nutzung des Computers die Atmosphäre in jedem Jahr mit ..... kg CO_2

© Verlag an der Ruhr | Postfach 102251 | 45422 Mülheim an der Ruhr | www.verlagruhr.de | ISBN 978-3-8346-0292-3

Wie viele Bäume braucht eine öffentliche Einrichtung?

Modellrechnung

Es gibt eine Fülle von Möglichkeiten, zu demonstrieren, wie viel unsichtbares Kohlendioxid in öffentlichen Einrichtungen (Jugendheim, Schule) entsteht.

Findet selbst heraus, wie viele Fichten eure Einrichtung benötigen würde, um das gesamte CO_2 aufzufangen, das dort produziert wird. **Nehmt euch ein Blatt Papier, und errechnet anhand der unten stehenden**

1. die CO_2-Produktion eurer Einrichtung

Brennstoff	CO_2-Emission
1 m³ Erdgas (= 10 kWh Wärme)	2,0 kg CO_2
1 l Heizöl (= 10 kWh Wärme)	2,6 kg CO_2

1 kWh elektrische Energie ≈ 0,6 kg CO_2
1 t = 1 000 kg

CO_2-Produktion der Einrichtung (in Tonnen) t CO_2

Formel: $\frac{\text{Menge } CO_2 \text{ (kg)}}{1000}$

2. die benötigte Menge an Bäumen für eure Einrichtung

1 Baum filtert 20 kg CO_2 = 0,02 t CO_2

benötigte Menge der Bäume, um umweltneutral zu wirtschaften

Formel: $\frac{\text{Menge } CO_2 \text{ (t)}}{0{,}02\ CO_2 \text{ (t)}}$

3. die Anzahl der Fußballfelder, die euch für die Pflanzung aller Bäume zur Verfügung stehen müsste

1 Fußballfeld = 1 ha = 400 Bäume

Anzahl Fußballfelder, um umweltneutral zu wirtschaften

Formel: $\frac{\text{Menge der Bäume}}{400}$

4. die Anzahl der Bäume, die nötig wäre, um den CO_2-Ausstoß aufzufangen, den jeder einzelne verursacht

Anzahl der Bäume pro Person

Formel: $\frac{\text{Menge der Bäume}}{\text{Anzahl der Personen}}$

© Verlag an der Ruhr | Postfach 102251 | 45422 Mülheim an der Ruhr | www.verlagruhr.de | ISBN 978-3-8346-0292-3

3 CO_2 sichtbar gemacht

Ein Modell bauen

1. Ihr könnt den Grundriss eurer Einrichtung im Modell nachbauen und im Vergleich dazu die Fläche, die ihr für all die Fichten benötigen würdet, um den CO_2-Ausstoß eurer Einrichtung aufzufangen. Rechnet dazu die Fläche des gesamten Geländes in den Maßstab 1:100 um (nebenstehend ist ein Umrechnungsbeispiel aufgeführt).
2. Schneidet dazu den Grundriss für euer Fichtenmodell aus einem Bogen Pappe aus, und klebt ihn auf eine etwas größere Spanplatte. Vergesst nicht, den Maßstab für eure Grundfläche anzugeben. Die weitere Gestaltung bleibt eurer Fantasie überlassen.
3. Ihr müsst eine große Anzahl Fichten basteln, die ihr auf die Pappe kleben könnt. Dazu könnt ihr ebenfalls Pappe oder anderes Material verwenden.
4. Einige kleine Figuren benötigt ihr, um die Anzahl von Personen im Verhältnis zur Anzahl der Bäume nachzustellen.
5. **Umrechnungsbeispiel:**

Grundlegende Daten:

Anzahl Fichten:	**20 000**
Flächenbedarf:	**50 ha**
Personen:	**600** (z.B. in einer Schule)

Modell (im Maßstab 1:100)

Anzahl Fichten:	200
Flächenbedarf:	50 m^2
Anzahl Personen:	6

Eine Ausstellung organisieren

Ebenso anschaulich könnt ihr euer Rechenexempel auf einer großen Wandzeitung präsentieren. Die vielen Bäume könnt ihr dann auch direkt auf die Wandzeitung malen. Vielleicht macht ihr daraus sogar eine öffentliche Aktion. Das macht viel Spaß und ist öffentlichkeitswirksam.

So könnte eure Wandzeitung gestaltet sein:

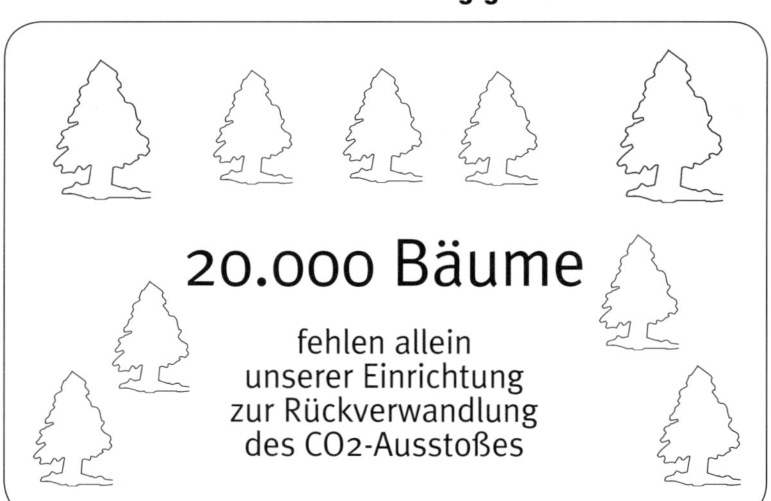

- *vgl. Veeser, H.: Schritt für Schritt zur Niedrigenergieschule, in: Praxis Schule 5-10, Heft 2/1996, S. 38 ff*
- *vgl. Beyer, A. (Hrsg.): Energiesparen an Schulen, Verlag Krämer 1998, S. 88/89*

© Verlag an der Ruhr | Postfach 102251 | 45422 Mülheim an der Ruhr | www.verlagruhr.de | ISBN 978-3-8346-0292-3

Agenda 21 ❹

Internationale Zusammenarbeit für den Klimaschutz

Da die Ursachen für den Klimawandel weltweit zu finden sind, funktioniert ein wirksamer Klimaschutz nur dann, wenn möglichst alle Staaten sich ihrer Verantwortung bewusst werden und etwas gegen den Klimawandel unternehmen. Voraussetzungen dafür sind eine langfristige Kooperation und eine faire Verteilung der Verantwortung.

1992 trafen sich in Rio de Janeiro Vertreter aus mehr als 170 Ländern, um im Rahmen der Konferenz für Umwelt und Entwicklung (UNCED) die zukünftige Entwicklung unseres Planeten zu diskutieren. Ziel war, die Konzentration der Treibhausgase auf einem bestimmten Niveau zu stabilisieren, um ein Ungleichgewicht des Klimasystems zu verhindern.

Unter den fünf Dokumenten, die von der Konferenz verabschiedet wurden, haben vor allem die Klimakonvention und die Agenda 21 Beachtung gefunden. In der Klimakonvention verpflichten sich 92 Staaten und die Europäische Union zu einer regelmäßigen Berichterstattung über die von ihnen getroffenen Maßnahmen zur Verminderung treibgasrelevanter Emissionen.

Die Agenda 21 enthält ein konkretes Aktionsprogramm, um die „Deckung der Grundbedürfnisse, die Verbesserung des Lebensstandards aller Menschen, einen größeren Schutz und eine bessere Bewirtschaftung des Ökosystems“ zu gewährleisten, wie es in der Präambel heißt. Vorgeschlagen werden dabei ganz konkrete Maßnahmen, sowohl für Entwicklungs- als auch für Umweltfragen, da davon ausgegangen wird, dass sich soziale und wirtschaftliche Entwicklung nur vorantreiben lässt, wenn gleichzeitig auch die Folgen für die Umwelt mitberücksichtigt werden. Der Umweltschutz erscheint unter solchen Vorzeichen nicht mehr als ein Hemmnis wirtschaftlicher Dynamik.

1997 wurde das Kyoto-Protokoll verabschiedet. Es verpflichtet die Industrieländer rechtsverbindlich zur Reduzierung ihrer Emissionen. Im Zeitraum von 2008 bis 2012 sollen diese Staaten die sechs wichtigsten Treibhausgase um fünf Prozent im Vergleich zu 1990 verringern. Außerdem wurde vereinbart, dass die Industriestaaten ihre Reduktionspflicht auch durch Reduktionsmaßnahmen im Ausland wahrnehmen können. Damit sind die Kooperationsvoraussetzungen für einen internationalen Klimaschutz gegeben.

2006 fand die 12. Weltklimakonferenz statt. Sicher ist, dass nicht nur die Industrieländer den Klimawandel aufhalten können, sondern dass auch Schwellenländer wie China, Indien und Brasilien, aber auch die USA und Australien, bisherige Kyoto-Gegner, einbezogen werden müssen.

Für die Zeit nach 2012 sind anspruchsvollere Ziele als die des Kyoto-Protokolls nötig. Die Industriestaaten müssen ihre Emissionen bis 2020 noch viel stärker senken, damit die vom Menschen verursachte Erderwärmung überhaupt noch aufgehalten werden kann.

© Verlag an der Ruhr | Postfach 102251 | 45422 Mülheim an der Ruhr | www.verlagruhr.de | ISBN 978-3-8346-0292-3

4 Energie sparen in der Schule als Thementag

Fachübergreifende Projekte

Zukunftsprojekte wie die Agenda 21 können auch im fächerübergreifenden Unterricht in der Schule vermittelt werden. Deshalb bedarf es besonderer Organisationsformen, um die unterschiedlichen Fächer auf ein gemeinsames Thema zu verpflichten.

Ein Thementag könnte ein geeigneter Rahmen für ein überschaubares fächerübergreifendes Projekt sein: Hier muss der Stundenplan nicht verändert werden, und die Verteilung der einzelnen Fächer innerhalb des Vormittagsunterrichts bleibt so, wie sie Schülern und Lehrkräften vertraut ist. Allerdings beschäftigen sich im Rahmen eines solchen Thementags alle Fächer mit demselben Thema. Jedes Fach bringt dazu seine eigenen Fragestellungen und seine spezifischen Methoden ein.

Großer Vorbereitungen bedarf ein solcher Thementag nicht: Zu Beginn des Schuljahres einigt sich die Klassenkonferenz auf ein geeignetes Thema und einen sinnvollen Termin. Außerdem sollte hier darüber nachgedacht werden, welche besonderen Aktivitäten im Rahmen des Thementags geplant sind. Dabei kann es sich um eine Filmvorführung handeln, eine begleitende Ausstellung, eine Exkursion oder ein Gespräch mit ausgesuchten Fachleuten.

Spätestens einen Monat vor dem eigentlichen Thementag müssen sich die beteiligten Lehrkräfte für ein Stundenthema entschieden haben. In einer Kurzkonferenz wird man sich dann darüber verständigen, wie die einzelnen Themen aufeinander abzustimmen sind und wie dieser Thementag später nachbereitet werden soll.

Die Herangehensweise an eine solche komplexe Thematik wie die Agenda 21 kann sehr vielfältig sein. So könnte man z.B. Verstädterungsprozesse in der Dritten Welt thematisieren, über europäische Umweltstandards diskutieren oder sich mit Maßnahmen zur Verkehrsberuhigung beschäftigen. Bei einer solchen Themenvielfalt muss der thematische rote Faden wieder sichtbar werden. Hier ist es besonders wichtig, dass sich die Fachlehrer darüber verständigen, mit welchen Fragestellungen und Themenaspekten die einzelnen Fächer einen gelungenen Beitrag zum Thementag leisten können.

„Energie sparen – das geht auch Kinder etwas an!"

Ein Thementag in der 6. Klasse

1. **Stunde (Religion/Ethik): Der Mensch, den Stürmen der Welt ausgesetzt**
   Der Herr leuchtet seinem Volk: Die Bibel, Buch Exodus: 13,20–13,22
2. **Stunde (Deutsch): Bist du ein Energiebündel?**
   Gedichte und Kurzgeschichten zur Energie, auch Lebensenergie;
   Phasen der An- und Entspannung/Energie verbrauchen, Energie sammeln
3. **Stunde (alle Fächer): Besuch eines Vertreters des örtlichen Stromlieferanten**
   Woher kommt der Strom, den wir aus der Steckdose nehmen?
   Wie teuer ist Strom?
   Wer verbraucht in unserer Gesellschaft besonders viel Strom?
   Kann man sich aussuchen, woher man den eigenen Strom bezieht?
4. **Stunde (Erdkunde): Rohstoffe**
   Geografische Verteilung der Primärenergiequellen auf der Erde
5. **Stunde (Biologie): Stoffkreisläufe**
   Über Kalorien/Joule und die Verwertung von Nährstoffen im menschlichen Körper/Der Mensch als Teil der Nahrungskette
6. **Stunde (alle Fächer): Umweltschutz im Klassenzimmer – Diskussion um eine Klassensatzung**
   Die richtige Temperatur im Klassenzimmer; richtiges Lüften;
   angemessene Beleuchtung etc.

© Verlag an der Ruhr | Postfach 102251 | 45422 Mülheim an der Ruhr | www.verlagruhr.de | ISBN 978-3-8346-0292-3

Energie sparen in der Schule als Thementag

„Ein Planet wird geplündert“

Ein Thementag in der 8. Klasse

1. **Stunde (Erdkunde): Rohstoff als Standortfaktor**
   Systematik der Geofaktoren/Die wichtigsten Standortfaktoren/Rohstoffnahe Industrieansiedlung/Rohstoffarme und rohstoffreiche Länder/Handelsbeziehungen
2. **Stunde (Mathematik): Die Grenzen des Wachstums**
   Einführung in die Geostatistik/Mathematik der Prognose/ Die Berechnungen des IPCC
3. **Stunde (Englisch): Die Thesen des IPCC – Übersetzungswerkstatt**
   Wer gehört zum IPCC/Die Fassung der Thesen in Textbeispielen; Übersetzung und Interpretation
4. **Stunde (Geschichte): Die Ölkrise von 1973/Öl heute**
   Eltern als Zeitzeugen; Chronologie einer Krise; Öl als Waffe?/Der Wachstums-Schock/ Die Rolle der Ölkonzerne/Rohstoffkrisen und Rohstoffkriege in der Weltgeschichte
5. **Stunde (Physik): Alternative Energien**
   Energie aus der Erde/Biogas/Wasserkraftwerke/Windgeneratoren/ Einführung in die Fotovoltaik/Solarenergie
6. **Stunde (Physik): Experimente zur Solartechnik**
   Sonnenuhr/Versuche mit dem Brennglas/Wie ein Solarkocher funktioniert/ Der Parabolspiegel im Experiment/Solarzellen im Alltag

„Umweltflüchtlinge“

Ein Thementag in der 10. Klasse

1. **Stunde (Religion/Ethik): Flüchtlinge in unserer Stadt**
   Asylsuchende in der Bibel/Geschichte des Asylrechts/Fluchtmotive; Alltag eines Asylbewerbers/Anerkennung – Duldung – Abschiebung
2. **Stunde (Erdkunde): Umweltflüchtlinge**
   Globale Flüchtlingsbewegungen/Naturkatastrophen; Wasser und Dürre als Fluchtmotive/Umweltkonflikte als Kriegsmotive/Umweltprobleme im Nord-Süd-Maßstab
3. **Stunde (Biologie): Der Tropische Regenwald**
   Das Tropenklima; Tropenwälder und Weltklima; Fauna und Flora im Regenwald; Tropenhölzer; die Bedrohung des Tropischen Regenwalds
4. **Stunde (alle Fächer): Gespräch mit einem Mitglied von Greenpeace**
   Umweltschutz im weltweiten Maßstab/Global denken – lokal handeln/ Die Greenpeace-Philosophie/Der Kampf um die Tropenhölzer
5. **Stunde (Wirtschaftskunde/Sozialwissenschaften – Politik): Umwelt-Zertifikate**
   Qualitätsarbeit und Marketing/Bilanz der „Stiftung Warentest“; Erfahrungen mit dem Umweltengel; Beispiele für den Öko-Audit; der rechtliche Status des Zertifikats
6. **Stunde (Werken): Alternativen zum Tropenholz – alles handgemacht**
   Materialeigenschaften der Tropenhölzer; Probleme bei der Verarbeitung; attraktive Alternativen; praktische Beispiele

© Verlag an der Ruhr | Postfach 102251 | 45422 Mülheim an der Ruhr | www.verlagruhr.de | ISBN 978-3-8346-0292-3

5 Die Ölkrise von 1973

Ein mentaler Störfall

Die Drosselung des Ölexports durch die Erzeugerländer im Herbst 1973 markiert im kollektiven Gedächtnis der Deutschen einen Störfall: Wohl kaum einer, der sich nicht an das Bild der leeren Autobahnen oder an die Diskussion über einen möglichen Zusammenbruch der gesamten Energieversorgung erinnern könnte. Die Jugendlichen aber haben hier entsprechenden Nachholbedarf.

Bis zum Beginn der 70er-Jahre war der Anteil des Erdöls am Verbrauch von Primärenergie weltweit auf 43 % angestiegen. Die in der OPEC (Organisation of Petroleum Exporting Countries) zusammengeschlossenen Förderländer waren schon lange bemüht, ihre Einnahmen aus dem Ölgeschäft zu erhöhen. Dabei ging es ihnen darum, durch eine Drosselung der Erdölförderung den Weltmarktpreis für das Rohöl anzuheben, die Förderung des Erdöls in eigener Verantwortung zu organisieren und einen Teil der Weiterverarbeitung an den Förderstandorten stattfinden zu lassen.

Auslöser der eigentlichen Ölkrise aber war ein politisches Ereignis, durch das sich die arabischen Förderländer zum Handeln genötigt sahen: Im Rahmen des 4. Nahostkrieges hatten sich fast alle westlichen Staaten auf die Seite Israels geschlagen. Im Gegenzug einigten sich die arabischen Länder darauf, durch eine Drosselung der Ölexporte politischen Druck auf diese Länder auszuüben und damit gleichzeitig eine Veränderung der Preissituation auf dem Weltmarkt zu erzwingen. Durch ein vorübergehendes Embargo kam es dann tatsächlich zu einer weltweiten Verknappung des Erdöls. Zwar hielten die betroffenen Einfuhrländer an ihrer pro-israelischen Position fest, die Preise auf dem Weltmarkt aber konnten durch den Lieferstopp nachhaltig verändert werden. Erhöhte sich der Einfuhrpreis für Rohöl in den Jahren vor 1973 nur um umgerechnet 10 € pro Tonne, stieg er zwischen 1973 und 1976 gar von umgerechnet 45 auf 125 €. Die weltweit operierenden Ölkonzerne gaben die Preiserhöhungen der Förderländer nicht nur an die Endabnehmer weiter, sondern nutzten den weltweiten „Öl-Schock“ zu einer Ausdehnung ihrer Gewinnspanne. Sie gelten heute deshalb auch als die eigentlichen Gewinner der Ölkrise des Jahres 1973.

Die Bundesregierung sah sich durch die Beschränkung der Ölimporte zum Handeln gezwungen. Für besonderes Aufsehen sorgten dabei die bundesweiten Geschwindigkeitsbegrenzungen sowie ein generelles Fahrverbot für Kraftfahrzeuge an drei Sonntagen. Wichtiger aber waren die psychologischen Auswirkungen der Krise: Zum ersten Mal war den Deutschen bewusst geworden, wie stark Wirtschaft und Alltag inzwischen von der verfügbaren Energie abhängig waren und in welchem Umfang die nationale Energieversorgung auf das Ausland angewiesen war. Infolge des „Öl-Schocks“ von 1973 wurde ein sparsamerer Umgang mit Energie zur nationalen Aufgabe erklärt. Außerdem wurde der Ausbau der Kernenergie vorangetrieben. Angeregt durch die Thesen des „Club of Rome“[1] begann die Öffentlichkeit darüber hinaus, die Begrenztheit natürlicher Ressourcen und damit auch die Grenzen des Wachstums zu diskutieren. Die ungesteuerte Ausbeutung unseres Planeten wurde so erstmals kritisch hinterfragt.

[1] *Der „Club of Rome“ wurde 1968 mit dem Ziel gegründet, den Austausch zu internationalen politischen und gesellschaftlichen Fragen zu fördern. Seit wichtigstes „Werk“ war die Veröffentlichung des Berichtes „Die Grenzen des Wachstums“ im Jahr 1972.*

© Verlag an der Ruhr | Postfach 102251 | 45422 Mülheim an der Ruhr | www.verlagruhr.de | ISBN 978-3-8346-0292-3

Tage, die die Welt veränderten

Chronologie einer Krise 1973

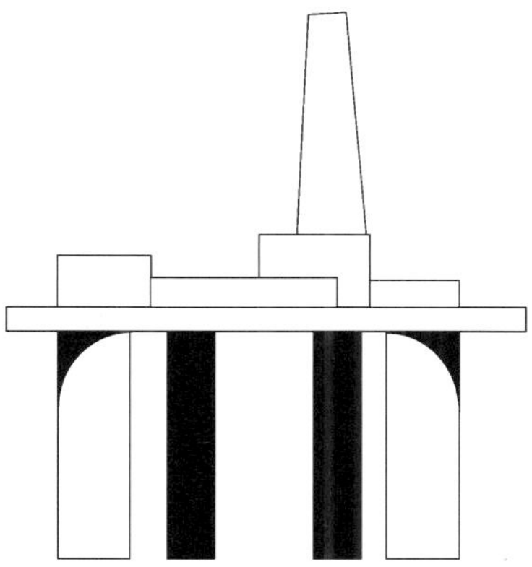

Öhlbohrplattform

6. Oktober Mit einem Angriff auf Israel eröffnen Ägypten und Syrien den vierten Nahostkrieg an dem jüdischen Feiertag Jom Kippur (Versöhnungstag). Benannt nach diesem Feiertag geht der Krieg als Jom-Kippur-Krieg in die Geschichte ein.

17. Oktober Die arabischen Förderländer, die in der OPEC* zusammengeschlossen sind, beschließen eine Drosselung der Ölförderung um 5 %. Die OPEC-Staaten sind mit Ägypten und Syrien solidarisch. Sie verständigen sich darauf, das Öl als Waffe gegen die westlichen Länder einzusetzen, die sich mit Israel verbündet haben.

* OPEC = engl. Abk. für „Organisation Erdöl exportierender Länder“

25. Oktober Der Jom-Kippur-Krieg wird mit einem von den Kriegsparteien vereinbarten Waffenstillstand beendet.

28. Oktober Die arabischen Länder einigen sich auf einen Lieferboykott für Rohöl. Auch die Bundesrepublik ist davon betroffen. Sie soll nur noch 75 % ihrer bisherigen Importe erhalten.

4. November Als erstes europäisches Land reagieren die Niederlande auf die Ölverknappung mit einem Fahrverbot für PKW.

5. November Die Ölminister der arabischen Förderländer beschließen eine Drosselung der Ölförderung um 25 %.
Die im Nahostkrieg neutralen europäischen Staaten fordern Israel auf, die besetzten arabischen Territorien zu räumen.

9. November Das „Energiesicherungsgesetz“ räumt der Bundesregierung die Möglichkeit ein, das Benzin zu rationieren und befristete Fahrverbote zu verhängen.

11. November Die am Jom-Kippur-Krieg beteiligten Parteien unterzeichnen einen Friedensvertrag.

13. November In England wird angesichts der Ölverknappung der Notstand ausgerufen.

19. November Die Bundesregierung beschließt ein Sparpaket, um auf die Verknappung von Benzin und Heizöl zu reagieren. Vorgesehen sind Fahrverbote an Sonntagen sowie eine Geschwindigkeitsbegrenzung von 80 km/h auf Landstraßen und 100 km/h auf Autobahnen.

25. November Erster autofreier Sonntag in der Bundesrepublik

© Verlag an der Ruhr | Postfach 102251 | 45422 Mülheim an der Ruhr | www.verlagruhr.de | ISBN 978-3-8346-0292-3

5 Tage, die die Welt veränderten

26. November Wegen ihrer neutralen Haltung im vierten Nahostkrieg erklären die arabischen Staaten die Bundesrepublik zum „freundlichen Staat".

28. November Die arabische Gipfelkonferenz in Algier beschließt eine Fortsetzung der Ausfuhrbeschränkungen und eine weitere Drosselung der Ölförderung, bis sich Israel aus den besetzten Gebieten zurückgezogen hat.

2. Dezember Zweiter autofreier Sonntag in der Bundesrepublik

5. Dezember Die Bundesregierung beschließt einen Heizkostenzuschuss für sozial Bedürftige.

9. Dezember Dritter autofreier Sonntag in der Bundesrepublik

16. Dezember Vierter autofreier Sonntag in der Bundesrepublik

24. Dezember Die OPEC-Staaten beschließen eine Verdoppelung der Rohölpreise, die ab dem 1. Januar wirksam werden soll.

24. Dezember Die japanische Regierung ruft wegen der verschärften Ölverknappung den Wirtschaftsnotstand aus.

26. Dezember Die arabischen Staaten beschließen eine Lockerung des Öl-Embargos.

1974

1. Januar In England wird die Arbeitswoche auf drei Tage verkürzt. Damit reagiert man auf die Produktionsausfälle auf Grund des Energiemangels.

3. Januar In den Niederlanden wird das Benzin rationiert.

9. Januar Die OPEC-Staaten sichern zu, die Rohölpreise auf absehbare Zeit stabil zu halten.

15. März Die Geschwindigkeitsbeschränkungen in der Bundesrepublik werden aufgehoben. Für die Autobahnen wird eine Richtgeschwindigkeit von 130 km/h eingeführt.

18. März Die Ölminister der arabischen Förderländer beschließen eine Aufhebung des Embargos gegen die USA.

10. Juli Die Ölminister beschließen, auch das Embargo gegen die Niederlande aufzuheben.

Informationen aus:
- *www.dhm.de/lemo/html/1973/index.html*
- *www.dhm.de/lemo/html/1974/index.html*

© Verlag an der Ruhr | Postfach 102251 | 45422 Mülheim an der Ruhr | **www.verlagruhr.de** | ISBN 978-3-8346-0292-3

Nichts daraus gelernt?

Die Ölkrise von 1973 hat ein Bewusstsein dafür geschaffen, dass natürliche Ressourcen nicht unbegrenzt zur Verfügung stehen. Die Ölkrise war eine deutliche Mahnung, nach neuen, alternativen Wegen der Energieversorgung zu suchen.

Was haben wir aus der Ölkrise gelernt? Der weltweite Energiebedarf wächst täglich weiter, der Ausbau der erneuerbaren Energien kommt nur sehr langsam voran.

Klimaveränderung, Erderwärmung, Kriege um „das schwarze Gold" – Öl ist der vielleicht bedeutendste Rohstoff der Menschen und hat ihre Geschichte in den letzten 150 Jahren – seit seiner „Entdeckung" – entscheidend geprägt. Aber wofür brauchen wir eigentlich Öl?
Öl wird auf der Welt für verschiedene Bereiche verwendet:

- als sogenannte **Schmierstoffe**, Schmieröl wird beispielsweise für Motoren und Getriebe genutzt,
- als **Brennstoff** oder **Treibstoff**, z.B. bei Dieselöl oder Heizöl,
- im Bereich der **Petrolchemie** zur Herstellung von Kraft- und Kunststoffen,
- als **Wärmeträger** wird Thermoöl zur Übertragung von Wärmeenergie verwendet.

Im Alltag ist vor allem die Nutzung von Öl als Kraft- bzw. Treibstoff für Fahrzeuge am augenscheinlichsten. Die Politik reagierte damals während der Ölkrise mit Geschwindigkeitsbegrenzungen und Sonntagsfahrverboten.
Und auch heute vergeht kaum ein Tag, an dem nichts über die steigenden Benzinpreise in Deutschland zu lesen oder zu hören ist.

Die Gründe liegen auch heute im steigenden Ölpreis. Aber nicht nur: Die steigende **Mineralölsteuer**, die Einführung der **Ökosteuer**, die Erhöhung der **Mehrwertsteuer** im Jahr 2007 und die Verpflichtung der Kraftstoffhersteller, bis zu 5 % des teureren **Biokraftstoffs** beizumischen, lassen den Preis für Benzin steigen. Diese Preissteigerungen des Benzins stoßen auf viel Unverständnis und Kritik in der Bevölkerung. Dabei wurde die Ökosteuer – unter anderem – mit dem Ziel eingeführt, den Energieverbrauch und die Umweltbelastung zu reduzieren. Allerdings – so lautet vielfach der Einwand – sei die Ökosteuer nicht nachhaltig und greife viel zu kurz. „Wir haben eine ernsthafte Energiekrise, wir nennen sie bloß nicht so" – so Dr. Volker Hauff, Vorsitzender des Rats für Nachhaltige Entwicklung.

Stehen wir heute vor einer neuen **Energiekatastrophe** – wie schon vor 30 Jahren?

1. Wofür benötigst du Öl? Lege deinen persönlichen Tagesablauf vom Aufstehen bis zum Schlafengehen an, und überlege, wofür du im Alltag Öl brauchst.

2. Es heißt: Die Ökosteuer sei nicht nachhaltig. Was bedeutet der Begriff „Nachhaltigkeit"?

3. Welche alternativen Energien gibt es? Sind diese „nachhaltig"? Recherchiere Informationen im Internet (z.B. www.umweltlexikon.de) oder in Lexika.

4. Auf die Frage, was für ein Leben wir in 100 Jahren führen werden, antwortet Colin Campbell, der Gründer der „Association for the Study of Peak Oil and Gas":

„Wenn es Überlebende gibt, wird es sich um eine Art neue Bauern handeln. Es wird kaum noch Welthandel geben. Die Politik wird sich vor allem auf Lokales konzentrieren. Und man wird wieder in einen Pub gehen können, ohne ständig diese grauenhafte Musik hören zu müssen."

Was denkst du über diese Aussage? Was glaubst du, wie wir in 100 Jahren leben werden? Lege ein Cluster an.

© Verlag an der Ruhr | Postfach 102251 | 45422 Mülheim an der Ruhr | www.verlagruhr.de | ISBN 978-3-8346-0292-3

6 Mensch und Energie

Energie – Was ist das eigentlich?

Der Begriff „Energie" leitet sich vom griechischen „enérgeia" (dt.: wirkende Kraft) her und bedeutet so viel wie: Wirksamkeit. Damit machte schon die Naturphilosophie der Antike darauf aufmerksam, dass Energie unsichtbar ist und nur an ihren Wirkungen erkannt werden kann. Energie lässt sich z.B. nachweisen, wenn etwas in Bewegung gesetzt, schneller gemacht, hochgehoben, beleuchtet oder erwärmt wird. Energie tritt in ganz unterschiedlichen Formen auf.

Mechanische Energie

Ein Auto, das am Gipfel eines Abhangs geparkt ist, besitzt potenzielle mechanische Energie in Form von Bewegungsenergie. Sie wird wirksam, wenn der Fahrer die Handbremse seines Wagens löst, sodass das Auto den Abhang hinunterrollen kann. Je größer die Masse eines Gegenstandes ist, desto größer ist seine potenzielle Bewegungsenergie. Eine schwere Eisenkugel, die einen Berg hinunterrollt, hat mehr Bewegungsenergie als ein leichter Plastikball, der den gleichen Weg zurücklegt.

Chemische Energie

Sie ist in allen chemischen Verbindungen gespeichert. Es handelt sich dabei um die Bindungsenergie zwischen den Atomen eines Moleküls. Unsere Nahrungsmittel enthalten chemische Energie, die wir über „Verbrennungsprozesse" im Körper freisetzen und für unseren Betriebsstoffwechsel nutzen können.

Thermische Energie

Auch Wärmeenergie ist eine Art Bewegungsenergie. Denn bei der Erwärmung eines Stoffes werden seine Moleküle zunehmend in Schwingung versetzt. Sie bewegen sich schneller hin und her. Die Stoffe dehnen sich dabei aus und verlieren an Dichte. Die Schwingungen der Moleküle werden an umgebende Teilchen weitergegeben. Je nachdem, wie groß die Wärmeenergie eines Stoffes ist, erhitzt er seine Umgebung mehr oder weniger.

Als Infrarotstrahlung kann sich Wärmeenergie auch in Form elektromagnetischer Wellen (s.u.) ausbreiten. Dabei werden jedoch keine Moleküle in Schwingung versetzt. Vielmehr kann sich Wärmestrahlung auch im luftleeren Raum ausbreiten.

Elektrische Energie

Diese Energieform drückt sich in der geordneten Bewegung von elektrisch geladenen Teilchen (Elektronen) aus.
Diese Elektronen fließen, weil sie einen Ausgleich zwischen zwei Polen anstreben, an denen die Atome unterschiedlich stark geladen sind. So besteht z.B. bei einer Batterie eine Spannung zwischen zwei Polen, d.h. eine Kraft, die elektrisch geladene Teilchen vom stärker zum schwächer geladenen Pol hinzieht. Die dabei erzeugte Stromspannung wird in Volt (V) gemessen. Demgegenüber entspricht die Menge der Elektronen, die pro Zeiteinheit fließt, der Stromstärke. Sie wird in Ampère (A) angegeben. Fließt in einem Kupferdraht einer elektrischen Leitung Strom, der 1 Volt Spannung hat und 1 Ampère Stromstärke, wird dabei eine Leistung von 1 Watt (W) erzeugt.

Elektromagnetische Feldenergie

Die Energie, die von der Sonne kommt, breitet sich in elektromagnetischen Wellen aus. Hier wirken Elektrizität und Magnetismus zusammen. Es gibt die ultraviolette Strahlung, die Infrarotstrahlung und das für uns sichtbare weiße Licht. Schickt man das sichtbare weiße Licht durch ein Prisma, sieht man verschiedene Farben. Dabei nimmt man als einzelne Farbe das Licht einer bestimmten Wellenlänge wahr.

Kernenergie

Hierbei handelt es sich um die Bindungsenergie der Atome, die über eine Spaltung schwerer Atome bzw. über die Verschmelzung leichter Atome freigesetzt werden kann.

Energie ist wandelbar

Das Prinzip der Energieerhaltung besagt, dass Energie weder erzeugt noch vernichtet, sondern jeweils nur in eine andere Form umgewandelt wird. So kann auch in einem Kohlekraftwerk keine Energie produziert, sondern nur chemische in thermische, thermische in mechanische und schließlich mechanische in elektrische Energie umgewandelt werden.

Bei der Umwandlung von einer Energieform in eine andere geht unterschiedlich viel Energie verloren. Die Wertigkeit einer Energieform bemisst sich am Umfang der Verluste beim Übergang in eine andere Energieform. So gelten die mechanische und die elektrische Energie als wertvollere Energieformen, weil sie fast vollständig in andere Energieformen umgewandelt werden können. Die thermische Energie dagegen ist weniger wertvoll, weil bei der Umwandlung in mechanische Energie Abwärme freigesetzt wird und weil diese Entwertung nicht rückgängig gemacht werden kann.

© Verlag an der Ruhr | Postfach 102251 | 45422 Mülheim an der Ruhr | www.verlagruhr.de | ISBN 978-3-8346-0292-3

Durch Bewegung Energie verbrauchen

Es ist zu viel Brennstoff da

Jede Bewegung des menschlichen Körpers bedeutet Arbeit. Und es arbeitet auch, wer über ein Problem nachdenkt, eine Idee entwickelt oder einen Text entwirft.

Arbeit im physikalischen Sinn aber liegt nur dann vor, wenn ein Körper durch die Einwirkung einer Kraft einen bestimmten Weg zurücklegt. Die Arbeit ist umso größer, je länger der Weg und je größer die eingesetzte Kraft ist. Deshalb definiert die Physik Arbeit (W) als das Produkt aus Kraft (F) und Weg (s). ($W = F \cdot s$).
Die Einheit der Arbeit ist der Newtonmeter (Nm), da die Kraft in Newton (N) und der Weg in Metern (m) gemessen werden.

In diesem Sinne beschreibt die Physik Energie als gespeicherte Arbeit. Um sich z.B. überhaupt bewegen zu können, ist der Mensch auf die in den Nahrungsmitteln gespeicherte chemische Energie angewiesen. Jede Bewegung setzt Verbrennungsvorgänge innerhalb des menschlichen Organismus voraus. Den dafür nötigen „Brennstoff" nimmt der Mensch in Form von Nahrungsmitteln zu sich. So wird über die Zellen des menschlichen Körpers chemische Energie in Wärme und Arbeit umgewandelt.

Formaler Ausdruck dieses Zusammenhangs ist die Maßeinheit Joule, die seit 1978 allgemein gültig ist und in der der Energiegehalt (Brennwert) von Nahrungsmitteln gemessen wird. Ein Joule entspricht einem Newtonmeter (Nm) oder 0,24 Kalorien. Um sich eine Vorstellung machen zu können, wie viel Energie in einem Joule steckt, werden gerne die folgenden Beispiele angeführt:

- Ein Joule ist notwendig, um einen Körper mit dem Gewicht von 100 Gramm einen Meter anzuheben.
- Es sind 4,2 Joule nötig, will man 1 Gramm Wasser um 1° C erhitzen.
- Eine Biene braucht ein Joule, um 120 Meter weit zu fliegen.

Der Blick in eine Grundschulklasse, in eine Betriebsversammlung oder auf eine Reisegesellschaft zeigt, dass das Gleichgewicht von Ernährung und Bewegung offenkundig aus dem Lot geraten ist. Ausschlaggebend dafür ist, dass sich sowohl unsere Ernährungs- als auch unsere Bewegungsgewohnheiten verändert haben: War es früher für die Menschen noch selbstverständlich, körperlich hart zu arbeiten, so sind die meisten Arbeitsplätze und Arbeitsabläufe heute bewegungsfeindlich organisiert. Und für das Freizeitverhalten gilt Ähnliches; daran hat übrigens auch der Boom der Fitness-Studios und Ferienklubs nicht viel ändern können.

Für Jugendliche im Alter von 10–14 Jahren wird ein täglicher Energiebedarf angenommen, der zwischen 7500 und 12 000 Kilo-Joule schwankt. Bei erwachsenen Männern sind es etwa 11 000 Kilo-Joule, bei Frauen zwischen 8 000 und 10 000. Der individuelle Energiebedarf kann sehr verschieden sein, je nach Alter des Verbrauchers, nach Gewicht und körperlicher Belastbarkeit. Von all diesen Faktoren ist es deshalb auch abhängig, wie ausgiebig sich jemand bewegen muss, damit er eine bestimmte Energiemenge verbraucht. Insofern kann sich das „Kochbuch für Energiebewusste", das im Folgenden beschrieben wird, nur an Durchschnittswerten orientieren.

Informationen aus:

- *www.wissenschaft-technik-ethik.de/was-ist-energie.html*

© Verlag an der Ruhr | Postfach 102251 | 45422 Mülheim an der Ruhr | www.verlagruhr.de | ISBN 978-3-8346-0292-3

6 Kochen, ein kulturelles Ereignis

Essen ohne Reue

Kochsendungen erfreuen sich nach wie vor großer Beliebtheit. Davon zeugen vor allem die vielen laufenden Sendungen zum Kochen im Fernsehen und die Anzahl der Neuerscheinungen an Kochbüchern. Die Aufwertung des Kochens zu einem kulturellen Ereignis ist inzwischen auch in öffentlichen Einrichtungen sichtbar. Dass Lehrer in der Schülerzeitung ihre Lieblingsrezepte verraten, dass das Jugendcafé regelmäßig einen Gourmet-Treff veranstaltet und dass die Jungen in mancher Koch-AG bereits die Mehrheit stellen – das alles sind Indizien für diesen Trend. Manche Einrichtungen geben sogar eigene Kochbücher heraus. Einmal sind hier die schönsten „Rezepte aus dem Trümmerhaushalt" zusammengetragen, einmal werden „Gerichte aus allen Himmelsrichtungen" vorgestellt. Einmal steuert die lokale Prominenz ihre Lieblingsrezepte bei, einmal sind hier Mahlzeiten aus der „Küche der Armen" zusammengefasst. Dem Kochbuch wird ein hoher Gebrauchswert nachgesagt – und außerdem kann man sich so aus mancher Geschenknot retten.

Das „Kochbuch für Energiebewusste" könnte in der AG Energiesparen entstanden sein. Das Besondere dieses Kochbuchs: Für jedes Rezept sind zwei Seiten vorgesehen. Auf der Vorderseite werden Gerichte vorgestellt, die bei Jugendlichen derzeit populär sind und die auch ihren Eltern schmecken. Wie in anderen Kochbüchern auch ist hier jeweils angegeben, wie viel Joule eine Portion enthält. Der eigentliche Clou dieses Kochbuchs zeigt sich aber erst beim Umblättern: Auf der Rückseite wird nämlich aufgelistet, mit welchen körperlichen Anstrengungen man die veranschlagte Energiemenge wieder loswird.

Der Aufwand für solch eine Produktion hält sich durchaus in Grenzen.

Beispiele aus dem „Kochbuch für Energiebewusste":

Fischstäbchen mit Kartoffelsalat
oder:
90 Minuten Federball spielen
(2340 Kilo-Joule)

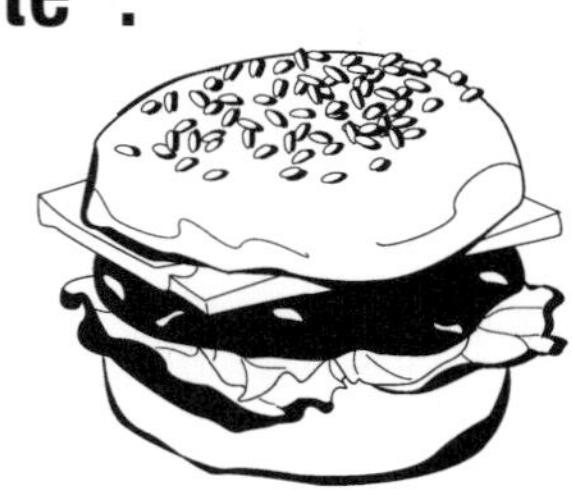

Hamburger
oder:
30 Minuten Mountainbike fahren
(1970 Kilo-Joule)

Pizza Margherita
oder:
90 Minuten Skateboard fahren
(2400 Kilo-Joule)

Milchreis mit Kirschkompott
oder:
eine Stunde Tennis spielen
(1785 Kilo-Joule)

Spagetti Bolognese
oder:
eine Stunde Kraulschwimmen
(2300 Kilo-Joule)

Brathähnchen mit Pommes frites
oder:
eine Stunde Fußball spielen
(2100 Kilo-Joule)

© Verlag an der Ruhr | Postfach 102251 | 45422 Mülheim an der Ruhr | www.verlagruhr.de | ISBN 978-3-8346-0292-3

Kein Joule zu viel – Kochen mit Schwung

1. Die Redaktionsgruppe muss sich zunächst auf eine bestimmte Anzahl von Rezepten verständigen, diese nachkochen und die veranschlagten Joule-Mengen ausrechnen.

2. In einem zweiten Arbeitsschritt muss nach körperlichen Übungen gesucht und deren Energieumschlag ermittelt werden. Man kann es zunächst dabei belassen, die geläufigen Sportarten zu benennen und dazu den entsprechenden Zeitrahmen anzugeben, in dem die Joule wieder abtrainiert werden sollen. Noch attraktiver sind freilich gymnastische Übungen, die in Bild und Wort ausführlich dargestellt werden und vielleicht sogar eine Beziehung zum jeweiligen Gericht haben (z.B. „Rückenwippe ohne Kirschkompott").

Seelachsfilet mit Rumpfbeuge und Standwaage

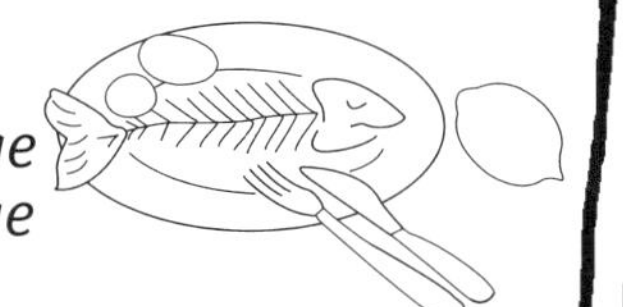

200 Gramm frisches Seelachsfilet, 150 Gramm Kartoffeln, eine Zitrone, Butter, Salz, Pfeffer, Dill

Die Kartoffeln werden gewaschen, geschält und in kochendes Salzwasser gegeben. Ein Esslöffel Butter wird in der Pfanne aufgeschmolzen. Anschließend wird das Seelachsfilet mit dem Saft einer halben Zitrone beträufelt und mit Pfeffer und Salz gewürzt. Das Filetstück wird in der Butter von beiden Seiten goldgelb gebraten. Wenn die Kartoffeln weich sind, werden sie abgegossen und mit Dill gewürzt. Das Gericht wird mit einigen Zitronenscheiben garniert.

Wir stellen uns in der Grätsche auf. Die Arme sind ausgestreckt. Beim Ausatmen neigen wir den gestreckten Rumpf nach vorn. Wir führen ihn nach links über die Seite und neigen ihn beim Ausatmen leicht nach hinten. Dann führen wir den Rumpf über die rechte Seite und beim Ausatmen zur Vorneige zurück. Diese Übung führen wir insgesamt 20-mal durch. Anschließend begeben wir uns in den geraden Stand zurück. Während wir den rechten Arm nach oben strecken, führen wir den linken an die Innenseite der linken Ferse und heben das Knie seitlich an. Anschließend wird das Knie durchgestreckt, ohne die Standhaltung aufzugeben. Auch diese Übung wird 20-mal durchgeführt.

3. Wichtig ist die Gestaltung eines solchen Kochbuchs. Hier ist eine schwungvolle Schrift für den Verkaufserfolg ebenso wichtig wie die Auflockerung der Texte durch Karikaturen, was sich bei diesem Thema ja geradezu aufdrängt. Ein aufwändiger Druck ist gar nicht notwendig. Wenn das Kochbuch auf stärkeres Papier kopiert wird, und wenn man sich für das Prinzip der Spiralbindung entscheidet, kann das Werk beim „Energiemarkt" der Schule, beim Weihnachtsbasar oder beim „Tag der offenen Tür" seinen Abnehmer finden. Und in der Regel wird ein solches Kochbuch rasch zum Selbstläufer.

© Verlag an der Ruhr | Postfach 102251 | 45422 Mülheim an der Ruhr | www.verlagruhr.de | ISBN 978-3-8346-0292-3

7 Mythos Energie

Vom Sonnengott zum Energydrink

Woher das Licht kommt, wodurch Wärme entsteht und wie Bewegung beginnt – das hat die menschliche Kultur seit ihren Anfängen beschäftigt. So wurde die Sonne wie eine Gottheit verehrt, so ist das Feuer in den Ritus vieler Religionen eingegangen und so ranken sich viele Sagen und Epen um die Entstehung von Ebbe und Flut. Das Geheimnis der Energie ist für viele Völker zu einem Kultur stiftenden Motiv geworden.

Offenkundig hat diese Mystifizierung der Energie zwei Ursachen. Einerseits hat sich die Menschheit immer wieder von Phänomenen faszinieren lassen, deren Entstehung für sie im Dunkeln lag. Da Energie nicht entsteht, sondern allenfalls von einer Energieform in eine andere übergeht, hat sich diese Faszination bis in unsere Zeit erhalten.

Andererseits galt Energie den Menschen immer schon als Ausdruck von Macht: Wer über Sonne und Feuer gebietet, dem ist in vielen Mythen die Macht über die Menschheit sicher. Wer die Naturgewalten steuert, dem steht auch zu, über Menschen zu herrschen. Davon handeln viele Sagen und Lieder, und das ist Gegenstand mancher Religion.

Auch in der aufgeklärten Kultur des 21. Jahrhunderts scheint dieser Mythos immer noch durch. Auf seine Faszination setzt auch die Werbung für einen Energydrink.

Offensichtlich belastet dieser alle kulturellen Transformationen überdauernde Mythos auch die Bereitschaft zum Energiesparen: Was zu so viel Angst und Feierlichkeit gleichermaßen Anlass gibt, scheint sich jedem buchhalterischen Kalkül zu entziehen. Wo geheime Kräfte walten, wird niemand einen Sinn darin sehen, diesen mit Stoßlüftung, Wärmeverglasung und Fugenabdichtung begegnen zu wollen. Der richtige Umgang mit Energie setzt also immer auch deren Entzauberung voraus.

Wenn die Bilder stehen lernen

Die Mediatisierung des Alltags schreitet fort. Dabei scheinen einige durchaus interessante Medien auf der Strecke zu bleiben. Das gilt z.B. für die Ton-Dia-Schau. Lange hatte dieses Medium gegen den Ruf anzukämpfen, nur für die Dokumentation und Präsentation von Urlaubserlebnissen zu taugen; und dieser Ruf haftet der Ton-Dia-Schau auch heute noch an. Vergessen wird dabei freilich, dass dieses Medium in den letzten Jahren zu neuen technischen und ästhetischen Ausdrucksmöglichkeiten gefunden hat, die es auch für die Jugendlichen wieder interessant machen dürften. Anders als Film und Fernsehen arbeitet die Ton-Dia-Schau mit unbewegten Bildern, deren Starre sie wesentlich eindringlicher wirken lässt. Wer der Eigensprache der Bilder vertraut, wird mit diesem Medium deshalb viel anfangen können. Das gilt auch für die Beziehung von Ton und Bild. Weil der Ton hier aus dem „Off" kommt, die abgebildeten Personen also nicht sprechen können, ergeben sich spannende Kontraste.

Für die Arbeit an einer Ton-Dia-Schau spricht auch, dass es sich hier um ein besonders übersichtliches Medium handelt, mit dem auch Amateure schon nach kurzer Zeit umgehen können. Gemeinsam mit den Jugendlichen wird ein Konzept erstellt. Anschließend schwärmen die Jugendlichen aus, um nach geeigneten Objekten Ausschau zu halten und diese zu fotografieren. Dabei kommen Motive vor Ort ebenso in Frage wie Darstellungen aus Büchern oder Zeitschriften. Eine zweite Gruppe sucht gleichzeitig nach Texten, die diese Bilder nicht unterstützen, sondern ihre Aussage mit anderen Informationen konfrontieren. Schließlich hat auch eine Ton-Dia-Schau eine richtige Premiere verdient – und die findet im Filmsaal/im Gemeinschaftsraum der Einrichtung oder Schule statt. Vielleicht könnte eine solche Ton-Dia-Schau auch den Grundstock zu weiteren Produktionen in der eigenen Einrichtung legen.

© Verlag an der Ruhr | Postfach 102251 | 45422 Mülheim an der Ruhr | www.verlagruhr.de | ISBN 978-3-8346-0292-3

Eine Ton-Dia-Schau 7

Thema: Energie als Gefahr

Dias: Hochwasser, Waldbrände, Lawinen, Erdrutsche

Text: Schlagzeilen zu Naturkatastrophen

Thema: Energie – mystische Kraft

Dias: Gottheiten aus verschiedenen Kulturen

Text: Energie in der Bibel

Thema: Die Sonnenfinsternis

Dias: Schnappschüsse von der Sonnenfinsternis am 11. Juli 1999

Text: Texte des Nostradamus

Literatur:
- *Bourier, B.: Nostradamus, Ewert, L. 1996*
- *Centurio, N. A.: Die großen Weissagungen des Nostradamus. Goldmann, 2006.*

Thema: Faszination Bewegung

Dias: Flussläufe in unterschiedlichen Landschaften

Text: Panta Rhei* – die Flusslehre des Heraklit
*panta rhei (griech.) = alles fließt (dt.)

Literatur: • De Crescenzo, L.: Alles fließt, sagt Heraklit. Goldmann, 1997.

Thema: Mythos Feuer

Dias: Verschiedene Darstellungen der Prometheussage

Text: Goethes „Prometheus"

Literatur: • Storch, W.; Danerau, B. (Hrsg.): Mythos Prometheus. Reclam, 1995.

Thema: Ebbe und Flut

Dias: Bilder aus unterschiedlichen Küstenregionen

Text: Texte zu den Gezeiten

Literatur: • Egge, H.; Mayr, W.: Zwischen den Gezeiten. Geschichten und Bilder vom Meer. Boyens, 1998.

Thema: Energie im Comic

Dias: Sprech- und Geräuschblasen aus der Comicliteratur

Text: Collage aus aggressiven Geräuschen

Thema: Energie in der Werbung

Dias: Werbung für Schokoriegel und Energydrinks

Text: Eigene Werbesprüche

Thema: Sympathieträger Sonne

Dias: ein stilisiertes Sonnengesicht

Text: Der Sonnengesang des Heiligen Franziskus

Thema: Bedrohung und Aufbruch

Dias: Grafikbeispiele aus der Zeit des Expressionismus

Text: Texte expressionistischer Lyriker

„Grell wehen die Fahnen, wir haben uns heftig entschlossen,
Ein Stoß ging durch uns, Not schrie, wir rollen geschwellt,
Wie Sturmflut haben wir uns in die Straßen der Städte ergossen
Und spülen vorüber die Trümmer zerborstener Welt."

Literatur: • Ernst Wilhelm Lotz: „Aufbruch der Jugend", vgl. Rühmkorf, P. (Hrsg.): Expressionistische Gedichte. Verlag Klaus Wagenbach, 1994.

© Verlag an der Ruhr | Postfach 102251 | 45422 Mülheim an der Ruhr | www.verlagruhr.de | ISBN 978-3-8346-0292-3

7 Energie als Begriff

Ein Beispiel

Dias: Bilder aus „Max und Moritz“ **Text:** Definitionen

„Energie – was ist das eigentlich?“

„Energie ist Bewegung.“

„Energie ist Kampf.“

„Energie ist Wärme.“

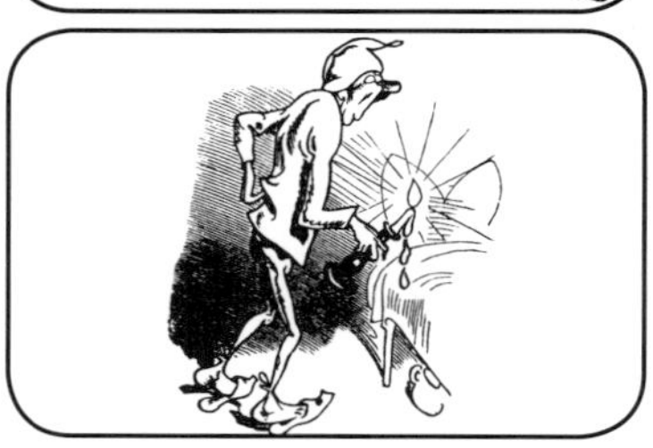

„Energie ist Licht.“

„Energie ist Feuer.“

„Energie ist Wasser.“

© Verlag an der Ruhr | Postfach 1o2251 | 45422 Mülheim an der Ruhr | www.verlagruhr.de | ISBN 978-3-8346-0292-3

Gute Ideen für einen Projekttag 8

Projekte zum Thema „Energie“ in Schule und öffentlicher Einrichtung

Die hier vorgestellten Anregungen und Ideen zu einem Projekttag in der Schule lassen sich auch auf einen Projekttag in einer Einrichtung für Jugendliche übertragen.

In den Stundentafeln der unterschiedlichen Schularten ist „Energiekunde“ nicht als eigenständiges Fach ausgewiesen. Und das macht Sinn. Handelt es sich hier doch um ein Querschnittsthema, das von fast allen Fächern aufgegriffen wird. Damit wäre „Energie“ eigentlich ein hervorragendes Thema für den fächerübergreifenden Unterricht. Das Problem ist nur, dass das Prinzip des interdisziplinären Lernens eher auf dem Papier als in der pädagogischen Praxis unserer Schulen stattfindet. Es reicht eben nicht, durch entsprechende Querverweise thematische Zusammenhänge herzustellen. Viel wichtiger ist es, einzelne Phänomene aus der Sichtweise unterschiedlicher Disziplinen zu untersuchen und zu bewerten. Voraussetzung dafür ist eine Kooperation der Lehrkräfte ebenso wie eine geeignete Methode. Im Regelunterricht ist beides kaum gegeben; für das Projektlernen aber sind diese Voraussetzungen geradezu Bedingung.

Von den Vorzügen des Projektunterrichts muss niemand mehr überzeugt werden. Und trotzdem ist diese Form des Lernens in der pädagogischen Praxis eher die Ausnahme. Das kann sich ändern, wenn sich eine ganze Schule vornimmt, einen Projekttag zu veranstalten. Hier minimiert sich der organisatorische Aufwand für die einzelne Lehrkraft, weil keine Stundenpläne umgestellt und keine Vetretungsstunden ausgehandelt werden müssen. Außerdem können sich dann auch die eher skeptischen Lehrkräfte nicht der Selbstverpflichtung ihres Kollegiums verweigern. Damit der geplante Projekttag nicht zu einem Jahrmarkt der Beliebigkeit wird, sollte er immer unter ein bestimmtes Rahmenthema gestellt werden. Das Thema „Energie“ wäre dafür besser als viele andere geeignet, weil sich hier eine Fülle von Projektvorhaben anbieten lässt.

Die Organisation eines solchen „Energietages“ kann entweder vorsehen, dass sich daran ganze Klassen beteiligen oder dass klassen- und jahrgangsübergreifende Projektgruppen gebildet werden. Die erste Lösung wird von vielen Schulen gewählt, weil sie sich leichter organisieren lässt. Die zweite hat den Vorteil, dass sich hier die Schüler ihren Neigungen entsprechend für ein bestimmtes Vorhaben entscheiden können und dass sich später Mitschüler aus unterschiedlichen Projekten miteinander austauschen können. Grundlage ihrer Entscheidung ist dabei ein Projektkatalog, in dem sich die einzelnen Gruppen vorstellen.

Viele werden einwerfen, dass an einem einzigen Tag keine vernünftige Projektarbeit zu leisten ist – und sie werden damit zunächst auch Recht haben. Angesichts der vielen Widerstände, gegen die ein solches Unternehmen durchgesetzt werden muss, erscheint die Verkürzung auf einen Tag jedoch als das kleinere Übel. In der Regel werden sich die einzelnen Projektgruppen bereits eine Woche vorher zusammensetzen und die vorbereitenden Arbeiten untereinander aufteilen. Außerdem wird für den „Energietag“ wirklich ein ganzer Tag zu veranschlagen sein; mit ein paar Stunden dürfte es da nicht getan sein. Schließlich sollten die Ergebnisse im Rahmen eines Präsentationstages oder im Zusammenhang mit dem nächsten Sommerfest auch den Eltern und Nachbarn der Einrichtung vorgestellt werden.

Projekte brauchen Partner – deshalb sollten als Projektleiter nicht nur die Lehrkräfte der Schule zum Einsatz kommen: Auch ältere Schüler, Eltern oder Mitarbeiter von Einrichtungen und Vereinen sollten eingeladen werden, sich am „Energietag“ zu beteiligen und eine eigene Projektgruppe zu betreuen. So kann das Unternehmen gleichzeitig ein Beitrag zur Öffnung von Schule sein.

© Verlag an der Ruhr | Postfach 102251 | 45422 Mülheim an der Ruhr | www.verlagruhr.de | ISBN 978-3-8346-0292-3

8 Ein Thema – viele Ideen

1. Projekte, die nur einen Vormittag dauern und ohne größere Vorbereitungen durchzuführen sind:

Piktogramme

Die Jugendlichen entwerfen Symbole, mit denen überall im Gebäude auf die Notwendigkeit des Energiesparens hingewiesen wird.

Design-Werkstatt

Die Nachwuchs-Designer haben Gelegenheit, Sonnenkollektoren und Fotovoltaikanlagen so zu gestalten, dass sie nicht länger als ästhetische Störfaktoren gelten.

Stiftung Warentest

Die Jugendlichen sind als Test-Käufer unterwegs und überprüfen in den Baumärkten der Stadt das Angebot an wärmedämmenden Materialien und den dazugehörigen Service.

Tschernobyl – wie es wirklich war

Die Jugendlichen machen Interviews mit Leuten auf der Straße. Sie fragen danach, wie die Leute die Reaktorkatastrophe erlebt haben und ob sich an ihrer Lebensführung zu der damaligen Zeit etwas geändert hat (z.B. keine Milch mehr getrunken, keinen Salat gegessen etc.). Besonders interessant ist es, die Passanten danach zu fragen, ob sie durch diese Erfahrung auch ihre grundsätzliche Einstellung gegenüber Atomkraftwerken oder gar ihre Lebenseinstellung insgesamt geändert.

Wie sich die Schildbürger Energie besorgten

Dazu verfassen jüngere Jugendliche neue Geschichten über die Bewohner einer ganz und gar verrückten Stadt.

Kabinett der Symbole

Die Jugendlichen suchen in Büchern und Zeitschriften nach Symbolen, die für Energie und Power stehen, und gestalten daraus eine Collage.

Der heiße Stuhl

Eingeladen wird ein Vertreter des lokalen Energieversorgungsunternehmens, der sich den Fragen zur Politik seines Hauses stellt.
(s. a. S. 43, Ein Energie-Warenkorb)

2. Projekte, die nur einen Vormittag dauern, aber größere Vorbereitungen beanspruchen:

Agenda vor Ort

Bürger, die sich in einer lokalen Agenda-Gruppe engagieren, werden in die Einrichtung eingeladen. Vielleicht könnte eine solche Gruppe auch in der Einrichtung entstehen.

Energiebilanz des Sommerfestes

Eine Jugendgruppe listet auf, wie viel Strom, Wasser und wie viel graue Energie ein ganz normales Sommerfest beansprucht.

Die etwas andere Sparbüchse

Die Jugendlichen stellen für kleinere Energie sparende Maßnahmen in der Einrichtung einen Musterkoffer zusammen – voll gestopft mit Utensilien zum Dämmen, Abdichten, Isolieren und Auskleiden.

Die neuen Marktschreier

Die Jugendlichen stellen die Fernsehspots, mit denen die neuen Anbieter auf dem Strommarkt werben, zu einer Video-Collage zusammen.

Flugobjekte

Aus Seidenpapier, Bindedraht und Drachenschnur entstehen flugtaugliche Objekte, die schließlich auf Jungfernfahrt gehen.

Die Daniel Düsentriebs der Antike

Nach dem Vorbild der alten Römer werden Modelle für leistungsstarke Wärme- und Antriebssysteme konstruiert und nachgebaut.
(s.a.S. 44, Geheimoperation: Spülkasten)

3. Projekte, die einen ganzen Tag dauern und größere Vorbereitungen beanspruchen:

Bei der Köhler-Liesel

Der letzte Köhler im Regierungsbezirk veranschaulicht den Jugendlichen die althergebrachte Art der Holzkohlegewinnung.

Solartechnik für den Hausgebrauch

Mit Materialien aus dem Baumarkt lässt sich an einem Tag ein ganzer Sonnenkollektor montieren.

Geschichte des Wasserrads

An einem Bachlauf bauen die Jugendlichen verschiedene Wasserräder aus unterschiedlichen Epochen im Modell nach.

„Der achte Sinn"

So heißen drei kurze Video-Spots, in denen die schlimmsten Energiesünden vorgestellt werden.

Raps und Schilfgras im Garten

Ein Teil des Gartens der Einrichtung wird genutzt, um nachwachsende Rohstoffe anzupflanzen.
(s.a.S. 45, Ein Niedrigenergiehaus im Modell)

© Verlag an der Ruhr | Postfach 102251 | 45422 Mülheim an der Ruhr | www.verlagruhr.de | ISBN 978-3-8346-0292-3

Wie viel Energie braucht der Mensch zum Leben?

In unserem Land muss eben alles seine Ordnung haben. Regelmäßig erstellt das Statistische Bundesamt einen so genannten „Warenkorb“:

Er enthält alles, was ein Mensch zum Leben braucht – wenigstens das Allernötigste. Das bedeutet z.B.: Für die Gesundheits- und Körperpflege stehen jedem Mitglied einer vierköpfigen Familie monatlich Güter für rund 84 € zu, für Nahrungsmittel sind es rund 303 €. An monatlichen Kosten für Wohnen, Energie und Wohnungsinstandhaltung werden pro Kopf rund 697 € veranschlagt.

Informationen aus:
Statistisches Bundesamt, www.destatis.de

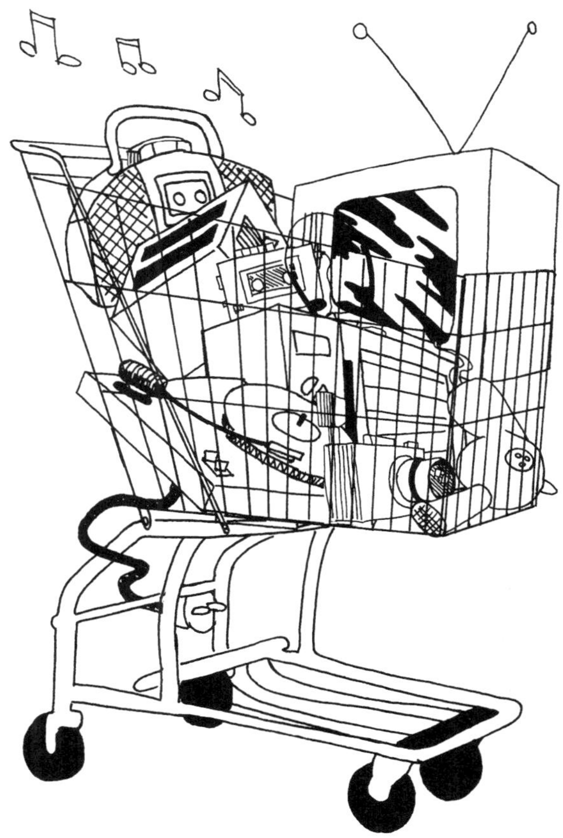

Ihr könnt diese offiziellen Vereinbarungen über den Grundbedarf eines Menschen, der mit der Zusammenstellung des Warenkorbes festgelegt wird, gedanklich weiterspinnen.

1. Wie würde sich ein Energie-Warenkorb eurer Meinung nach zusammensetzen?
   Überlegt euch dazu vorher, wie viel Energie der Mensch eigentlich zu einem menschenwürdigen Leben braucht. Wie viel Wärme, Licht und Komfort sind unbedingt notwendig? Und wie viel Strom, Gas, Wasser und Benzin gehören in einen Energie-Warenkorb?

2. Nehmt euch den fiktiven Tagesablauf einer vierköpfigen Familie vor. Beratschlagt, wann jeweils Energie verbraucht wird und wie viel davon unbedingt notwendig ist. Das beginnt mit dem Zähneputzen am Morgen und endet mit dem Fernsehen am Abend. Heizen, Kochen, Waschen, Spülen – nichts bleibt ausgespart. Aber auch an das Verkehrs- und Freizeitverhalten solltet ihr denken.

3. Rechnet diese Mindestrationen anschließend in Steinkohleeinheiten (SKE) um.

> Umrechnung kWh in SKE:
> 1 kWh ≈ 3 600 000 Joule (10^6)
> 29,3 Gigajoule (109) ≈ 1 t SKE
> ➡ 8138,88 kWh ≈ 1 t SKE

Unter 1 t SKE versteht man den mittleren Energiegehalt von 1 t Steinkohle

4. Zum Schluss könnt ihr symbolisch einen Einkaufswagen mit den unterschiedlichen Nutzungsarten füllen und ihn in eurer Pausenhalle ausstellen.

© Verlag an der Ruhr | Postfach 102251 | 45422 Mülheim an der Ruhr | www.verlagruhr.de | ISBN 978-3-8346-0292-3

Geheimoperation: Spülkasten

Den Wasserverbrauch senken

Jeder Mensch verbraucht etwa 130 Liter Wasser am Tag. Davon werden aber nur 5 Liter für das Kochen und Trinken verwendet. Stolze 35 Liter dagegen rauschen täglich durch die Toilettenspülung. Auch öffentliche Einrichtungen kostet das viel Geld. Sie müssen ja nicht nur für das verbrauchte Trinkwasser bezahlen, sondern auch eine entsprechende Abwasserabgabe entrichten.

Seht euch deshalb die Spülkästen in den Toilettenräumen einmal genauer an.

1. Bei Toiletten mit einem erwiesenermaßen guten Abfluss (ihr solltet das überprüfen!) reicht oft schon ein Ziegelstein im Spülkasten, um die benötigte Wassermenge zu reduzieren und damit viel Geld zu sparen.
2. Mittlerweile sind viele Toiletten schon mit einer Spartaste ausgerüstet bzw. kann man die Menge des Spülwassers über ein Füllventil einstellen. Zu bedenken ist jedoch, dass du auch sehr verantwortlich mit den sparsamen Spülkästen umgehen musst. Das heißt, drückst du die Spartaste zu lange oder ist die Füllmenge des Spülwassers zu hoch eingestellt, verschwendest du unnötig Wasser.

Und:

Nicht die Arbeit auf den Toiletten ist unappetitlich, sondern der verschwenderische Umgang mit kostbarem Trinkwasser. Nicht die Toiletten sollten uns stinken, sondern die sinnlose Verschleuderung öffentlicher Mittel!

© Verlag an der Ruhr | Postfach 102251 | 45422 Mülheim an der Ruhr | www.verlagruhr.de | ISBN 978-3-8346-0292-3

Ein Niedrigenergiehaus im Modell

Ein Haus Energie sparend planen

Modellbauer aufgepasst! Diesmal habt ihr die Chance, euer Können an einem ganzen Eigenheim zu beweisen. Dass euer Haus nur einen Grundriss von 40 x 40 cm hat, sollte euch dabei nicht stören.

Architekten und Ingenieure arbeiten seit vielen Jahren an der Konstruktion eines Hauses, das fast ganz ohne fremde Energie auskommt. Es versteht sich von selbst, dass dieses Haus mit Sonnenkollektoren ausgerüstet ist. Die Wände des Hauses sollten optimal abgedämmt sein. Wichtig ist aber auch, wie das Haus zur Sonne steht und wie es zugeschnitten ist. Denn je direkter und je länger am Tag die Sonnenkollektoren der Sonneneinstrahlung ausgesetzt sind, umso mehr Strahlung können sie „tanken".

1. Zeichnet den Grundriss eures Hauses auf Millimeterpapier. Fertigt eine sogenannte isometrische Zeichnung an, indem ihr die realen Quadratmeterzahlen für den Grundriss eines erdachten Hauses proportional umrechnet in die Quadratzentimeter eures Modellhauses. Rechnet die Größe aller Räume maßstabgerecht um. Baut dann auf diesem Grundriss euer Haus.
2. Geht nun bei der Auswahl eurer Baumaterialien nach dem Energiespargesichtspunkt vor. Das heißt, ihr achtet darauf, für den Bau eures Modellhauses nur Materialien zu verwenden, die dazu beitragen, dass in eurem Haus Energie gespart wird.
   Wichtig ist dabei vor allem eine Auskleidung der Außenwände mit wärmedämmendem Material.
3. Überlegt auch, wie ihr mit ökologischen Baumaterialien zu einer Verbesserung des Wohnklimas beitragen könnt.
   Das i-Tüpfelchen könnte ein Grasdach setzen, das den Energiesparaspekt und den Aspekt des guten Wohnklimas gleichermaßen berücksichtigt.
4. Am Schluss des Projekts steht der Besuch eines Architekten. Mit ihm könnt ihr diskutieren, wie realistisch eure Miniatur-Niedrigenergiehäuser sind.

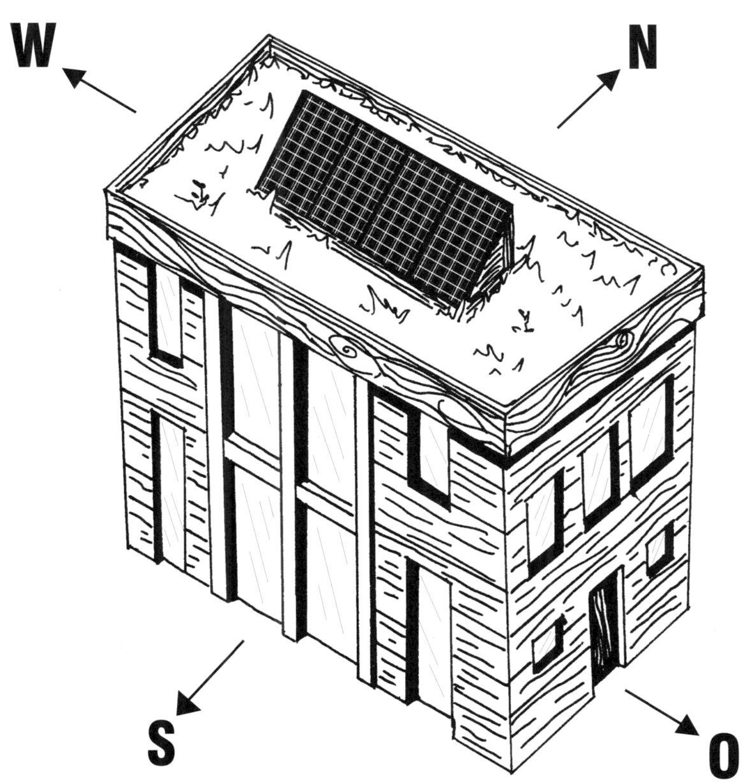

Quelle:
- *www.solarserver.de/lexikon/niedrigenergiehaus.html*
- *www.energie-fakten.de/html/3-liter-haus.html*

© Verlag an der Ruhr | Postfach 102251 | 45422 Mülheim an der Ruhr | www.verlagruhr.de | ISBN 978-3-8346-0292-3

9 Strom aus dem Kohlekraftwerk

Endstation Steckdose

Natürlich werden sich auch die Jugendlichen nicht mit der Auskunft zufriedengeben, der Strom komme aus der Steckdose. Aber es fällt ihnen doch viel leichter, sich mit der überschaubaren Technologie eines Sonnenkollektors oder einer Windmühle auseinanderzusetzen als mit der komplexen Funktionsweise eines Wärmekraftwerks. Aber etwa 89 % des in der Bundesrepublik erzeugten Stroms stammen aus solchen Wärmekraftwerken. Dabei werden die Primärenergieträger Kohle, Erdgas, Erdöl und Uran in elektrische Energie umgewandelt. In einem strengeren physikalischen Sinn dürfte man deshalb auch nicht davon sprechen, dass hier Strom „erzeugt“ wird.

In der Bundesrepublik waren die Kohlekraftwerke 2006 mit einem Anteil von ca. 50 % an der Stromerzeugung beteiligt. Wie in jedem Wärmekraftwerk wird dabei die chemische Bindungsenergie eines Brennstoffs in thermische Energie verwandelt. Die durch die Verbrennung von Kohlenstaub entstehende Wärme verwandelt Wasser zu Wasserdampf. Dieser strömt mit möglichst hohem Druck und möglichst hoher Temperatur in die Turbine. Im Prinzip arbeitet eine solche Turbine wie eine Windmühle, nur dass sie im Wärmekraftwerk nicht vom Wind, sondern von dem unter Druck stehenden, heißen Wasserdampf angetrieben wird. Denn die Turbine selbst besteht aus vielen vertikal angeordneten Scheiben, die wie bei einer Windmühle mit vielen schräg stehenden Schaufeln besetzt sind. Wenn der heiße Wasserdampf Druck auf die Schaufeln ausübt, dreht sich die ganze Turbine. Der entstehende Druck ist bis zu 300-mal stärker als der uns umgebende Luftdruck. Große Turbinen bestehen aus mehreren Gehäusestellen, in denen der Dampfdruck kontinuierlich abgebaut wird. Der entspannte Dampf verlässt die Turbine und gelangt in den Kondensator, wo er abgekühlt und in einen flüssigen Zustand zurückverwandelt wird. Die abgegebene Restwärme wird an das Kühlwasser abgegeben, während das im Kondensator zurückgewonnene Wasser über ein Rohrleitungssystem wieder zum Dampferzeuger gelangt.

Über eine gemeinsame Welle wird die Bewegung der Turbine auf den Generator übertragen. Der Generator besteht aus einem feststehenden Stator und einem beweglichen Rotor. Sobald sich der Rotor innerhalb des Stators dreht, entsteht in den Spulenwicklungen des Stators elektrische Spannung. In den meisten Kohlekraftwerken findet die so genannte „Innenpolmaschine“ Anwendung: Hier rotiert ein Elektromagnet um feststehende Spulen. Das Prinzip ist das eines Fahrrad-Dynamos, den jeder kennt.

Die von einem Kohlekraftwerk gelieferte Spannung richtet sich nach dessen technischer Ausstattung. Sie kann von 10 500 bis 21 000 Volt reichen. Zur Einspeisung in das Höchst- bzw. Hochspannungsnetz wird diese Spannung auf 110, 220 oder 380 kV gebracht (einem kV entsprechen 1000 Volt). Über Freileitungen gelangt der Strom in ein Umspannwerk, das er mit 10 bzw. mit 20 kV wieder verlässt. Diese Mittelspannung wird in dicht besiedelten Gebieten über unterirdisch verlegte Kabel und in dünn besiedelten Landstrichen über die kostengünstigeren Freileitungen transportiert. In der Netzstation wird die ankommende Mittelspannung auf die im Haushalt üblichen Spannungswerte von 400 bzw. 230 Volt abgesenkt. Von der Netzstation aus gelangt der Strom über Kabel in die Haushalte.

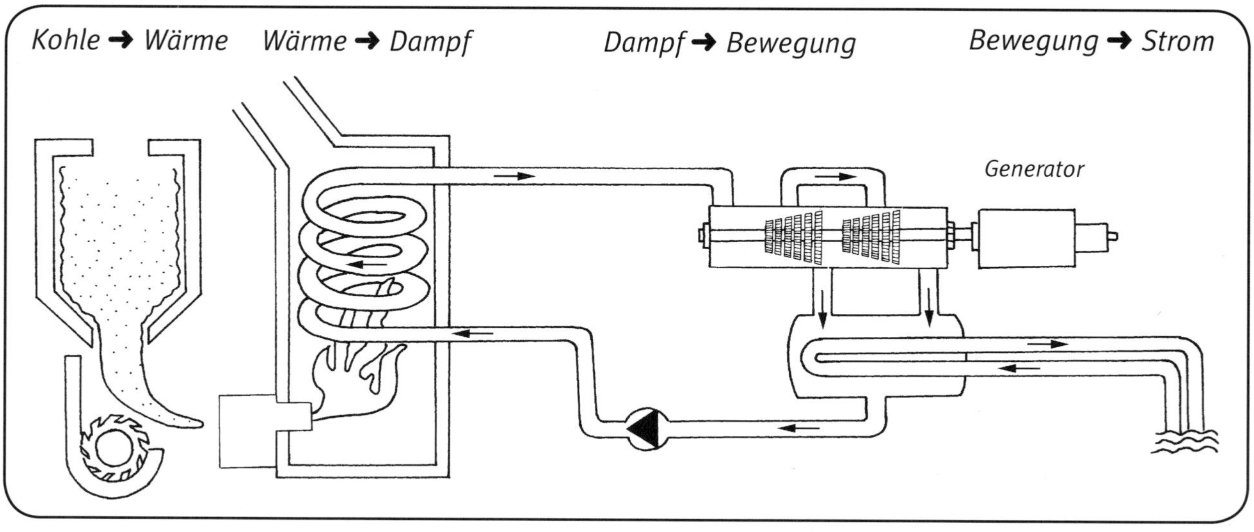

© Verlag an der Ruhr | Postfach 102251 | 45422 Mülheim an der Ruhr | www.verlagruhr.de | ISBN 978-3-8346-0292-3

Besuch in einem Kraftwerk

Stromerzeugung nach Bedarf

Aus physikalischen Gründen sind der Energieausbeute bei der Umwandlung im Kraftwerk Grenzen gesetzt. Denn Wärme lässt sich nur bedingt in mechanische Energie umwandeln. Die verbleibende Energie wird als Abwärme abgeführt.

Nach Carnot* steigt der Wirkungsgrad bei der Umwandlung von Wärmeenergie in mechanische Energie mit der Differenz, die zwischen der Temperatur eines Stoffes vor seiner Erhitzung und der Temperatur nach seiner Erhitzung besteht.

Je höher also die Temperatur des eingeleiteten Wasserdampfes und je niedriger die Temperatur des austretenden Dampfes ausfällt, umso höher ist der Wirkungsgrad einer Turbine. Die Dampftemperatur moderner Kohlekraftwerke liegt bei 545° C, in ihrer Umgebung herrscht eine Temperatur von etwa 27° C vor. Daraus errechnet sich ein **thermodynamischer Wirkungsgrad** von 63 %. Der durchschnittliche **elektrische Wirkungsgrad** deutscher Kraftwerke lag 2005 bei bis zu 38 %. Das bedeutet: Bei der Erzeugung von 1 kWh Strom fallen ca. 2 kWh nicht nutzbarer Energie an.

* *Nicolas L. S. Carnot, frz. Ingenieur und Physiker, * 1796 † 1832*

Informationen aus:

- *Bundesministerium für Wirtschaft und Technologie (Hrsg.): Energie-Daten 2006.*
- *Informationszentrale der Elektrizitätswirtschaft (Hrsg.): Wärmekraftwerke. Unterrichtsmaterialien zum Thema Energie – Sekundarstufe I, 3. Auflage 1996.*

Ein grundlegendes Problem der Stromerzeugung sind die starken Bedarfsschwankungen. Unabhängig von seiner Brennstoffbasis definiert sich ein Kraftwerk deshalb auch immer über seine Einsatzzeiten:

Grundleistungskraftwerke

... arbeiten rund um die Uhr und zeichnen sich durch niedrige Stromerzeugungskosten aus. Zu ihnen zählen die Kern-, aber auch die Laufwasserkraftwerke.

Mittellastkraftwerke

... sind für wechselnde Leistungsanforderungen ausgelegt und arbeiten mit höheren Brennstoffkosten. Vor allem Steinkohlekraftwerke werden als Mittellastkraftwerke betrieben.

Spitzenlastkraftwerke

... verursachen sehr hohe Erzeugungskosten und werden bei hohem Leistungsbedarf eingesetzt. So werden z.B. Pumpspeicherwerke betrieben, um Bedarfsspitzen abzudecken.

Aus Gründen des Umweltschutzes wird die Jugendlichen vor allem interessieren, wie die Rauchgasreinigung in einem Kohlekraftwerk funktioniert. Hier helfen Elektrofilteranlagen die auftretenden Aschepartikel zu entstauben. Eine Rauchgasentschwefelungsanlage entzieht den freigesetzten Emissionen die Schwefelanteile und wandelt diese in Gips um. Durch den Einsatz eines Katalysators schließlich lässt sich die Stickoxid-Bindung vermindern und eine Aufspaltung in Stickstoff und Wasser erreichen.

Solche Maßnahmen können freilich nicht darüber hinwegtäuschen, dass die Entstehung des Treibhausklimas maßgeblich durch die Emissionen der Kohlekraftwerke gefördert wird. Auch das aufwändigste Verfahren zur Rauchgasreinigung in einem Kohlekraftwerk kann deshalb an der Notwendigkeit eines sparsamen Umgangs mit elektrischer Energie nichts ändern.

Alles andere als eine Kaffeefahrt

Wer mit seiner Jugendgruppe den Besuch in einem Kraftwerk plant, muss keine Angst haben, wie ein Bittsteller behandelt zu werden. Die meisten Kraftwerke verfügen über eine eigene Abteilung für Öffentlichkeitsarbeit und Besucherbetreuung. Natürlich geht es den Kraftwerksbetreibern nicht nur darum, den Bildungshorizont junger Menschen zu erweitern. Sie sehen in solchen Besuchen auch eine Chance, bestehende Bedenken gegen großtechnische Anlagen abzubauen. So wird z.B. dem Engagement der Kraftwerke beim Abbau der Emissionsbelastung ein entsprechender Stellenwert eingeräumt.

Über den Erfolg einer solchen Exkursion entscheidet deshalb vor allem der Umfang der Vorbereitung: Dabei geht es zunächst darum, die Jugendlichen mit dem notwendigen physikalischen Knowhow auszustatten. So müssen sie sich über den Aufbau und die Funktionsweise eines Generators informiert haben, müssen aber auch mit Grundbegriffen wie „Kondensation“ oder „Emission“ umgehen können. Darüber hinaus müssen die Jugendlichen wissen, dass sie sich auf einer Exkursion und nicht auf einer Kaffeefahrt befinden. Das verlangt auch die Bereitschaft zum kritischen Hinhören und Nachfragen.

© Verlag an der Ruhr | Postfach 102251 | 45422 Mülheim an der Ruhr | www.verlagruhr.de | ISBN 978-3-8346-0292-3

9 Einen Kraftwerksbesuch vorbereiten

Ein Besuch im Kohlekraftwerk

Zu einer guten Vorbereitung gehört es auch, dass ihr Leitfragen für die Führung durch das Kraftwerk formuliert.

- Einigt euch mit der gesamten Gruppe auf bestimmte Themenaspekte, zu denen ihr Fragen formulieren wollt.
- Bildet dann Arbeitsgruppen mit je vier Personen. Jede Arbeitsgruppe beschäftigt sich mit einem bestimmten Themenaspekt.
- Entwerft einen Protokollbogen, der es euch erleichtert, beim Kraftwerksbesuch Antworten zu euren Fragen aufzuschreiben. Lasst dabei auch ausreichend Platz für Bemerkungen/Stichworte zu Fragen, wie: Was habe ich nicht verstanden? Welche Auskunft hat mich am meisten überrascht? Was hat mich am meisten beeindruckt? Wo wurden Probleme kleingeredet? Was wurde uns nicht gezeigt? Welche Fragen sind offen geblieben?

Leitfragen

Lage

1. Warum hat man sich seinerzeit dafür entschieden, das Kraftwerk gerade hier zu errichten?
2. ______________________________

   ____
3. ...

Versorgung

1. Woher bezieht das Kraftwerk die Kohle, die hier verfeuert wird?
2. ______________________________

   ____
3. ...

Technik

1. Warum wird die Kohle erst zu Staub gemahlen, bevor sie verbrannt wird?
2. ______________________________

   ____
3. ...

Betrieb

1. Zu bestimmten Tageszeiten ist der Bedarf an elektrischer Energie riesig – vor allem in der Nacht aber ist er sehr gering. Wie geht ein Kraftwerk mit solchen Schwankungen um?
2. ______________________________

   ____
3. ...

Arbeit

1. Wie viele Menschen arbeiten hier – und in welchen Berufen sind sie hier tätig?
2. ______________________________

   ____
3. ...

Umwelt

1. Wie viel Gas und Staub werden in die Luft geblasen, und wie hoch sind die entsprechenden Grenzwerte?
2. ______________________________

   ____
3. ...

© Verlag an der Ruhr | Postfach 102251 | 45422 Mülheim an der Ruhr | www.verlagruhr.de | ISBN 978-3-8346-0292-3

Energieverbrauch global 10

Ein Planet wird geplündert

Der Mensch benötigt etwa 1 000 kWh Energie zum bloßen Überleben. Hat er aber Anspruch auf einen gewissen Lebensstandard, so sind dafür bereits 50 000 kWh zu veranschlagen. Der Energieverbrauch eines Menschen ist also immer auch ein Indikator für seine Lebensqualität.

Informationen aus:
Dr. Drexler, A. M. (Hrsg.): Grundelemente des Lebens – Energie, Strategien für die Zukunft, o. J.

Insgesamt ist der Energieverbrauch der Weltbevölkerung seit 1980 von 10,4 auf 14,6 Milliarden t SKE (Steinkohleeinheiten) gestiegen. Bis zum Jahr 2030 rechnen Experten mit einem weiteren Anstieg auf 23 Milliarden t SKE. Der Weltenergiebedarf hätte sich in 50 Jahren dann mehr als verdoppelt. Es ist ein sehr populäres Argument, für diese Entwicklung den Anstieg der Weltbevölkerung verantwortlich zu machen. Angesichts der unterschiedlichen Entwicklung von Energiebedarf und Bevölkerungswachstum in der nördlichen und in der südlichen Hemisphäre aber greift diese Erklärung offensichtlich zu kurz.

Informationen aus:
Geschäftsführung des Gesamtverbandes des deutschen Steinkohlebergbaus (Hrsg.): Steinkohle Jahresbericht, 2004

Die ungleiche Verteilung der Lebenschancen zwischen armen und reichen Ländern findet ihren Niederschlag auch in einem erheblichen Ungleichgewicht im Energieverbrauch. Man geht davon aus, dass der Pro-Kopf-Bedarf an Energie in den westlichen Industrieländern um ein Vielfaches höher ist als der in den Ländern der Dritten Welt.

Der durchschnittliche Energieverbrauch betrug so 2004 pro Kopf in:

Asien (ohne China)	0,90 t SKE
Afrika	2,81 t SKE
Südamerika	1,56 t SKE
Mittlerer Osten	3,77 t SKE
Europa/OECD-Länder	4,99 t SKE
Nordamerika	9,17 t SKE

Informationen aus:
Bundesministerium für Wirtschaft und Technologie (Hrsg.): Energie-Daten 2006.

Besonders problematisch erscheint, dass der weltweite Energiebedarf zu fast 90% durch fossile Energieträger gedeckt wird. Mit etwa 40% ist dabei das Erdöl nach wie vor die wichtigste Energiequelle. Der Anteil der Kohle beträgt ca. 26 %, gefolgt vom Erdgas mit einem Anteil von ca. 23 %. Diese Dominanz der fossilen Energieträger ist besonders alarmierend, weil deren Reichweite begrenzt ist. So stammen z.B. 80% des heute geförderten Erdöls aus Quellen, die schon seit 30 und mehr Jahren bekannt sind. Trotz intensiver Erkundungs- und Forschungsbemühungen fallen die neuen Ölfunde immer geringer aus. Niemand weiß genau, wann das weltweite Fördermaximum erreicht sein wird. Experten schätzen, dass es noch etwa 40 Jahre dauern wird, bis der sogenannte „Peak-Oil" überschritten ist. Derzeit können noch 160 Milliarden Tonnen an Erdölreserven nachgewiesen werden. Vorkommen, die nur mit Mehraufwand erschließbar sind, werden auf 82 Milliarden Tonnen geschätzt. Ein Großteil der weltweit vorhandenen Erdölvorkommen ist bereits gefördert bzw. verbraucht worden. Angesichts der Dynamik, mit der der Energieverbrauch weltweit ansteigt, ist das eine beängstigende Botschaft. Und für andere fossile Energieträger, wie Kohle oder Gas, lassen sich ähnliche Rechnungen anstellen.

Informationen aus:
- *RWE, Weltenergiereport: www.rwe.de*
- *www.greenpeace.de*

Das globale Ungleichgewicht im Energieverbrauch entspricht einem ähnlichen Ungleichgewicht im Energieangebot. Berechnungsgröße sind hier jeweils die nachweisbaren Vorräte, die für die einzelnen Energieträger ausgewiesen sind. So zeigt ein Überblick über die weltweit vorhandenen Erdölvorkommen erhebliche regionale Unterschiede. Der Anteil an den nachweisbaren Ölvorräten beträgt für:

den Nahen Osten	62,1 %
die GUS	9,9 %
Afrika	9,3 %
Südamerika	8,8 %
Nordamerika	4,2 %
Asien/Ozeanien	4,0 %
Europa	1,6 %

Informationen aus:
Bundesministerium für Wirtschaft und Technologie (Hrsg.): Energie-Daten 2006

Hier tut sich eine gewaltige Schere zwischen Energieverbrauch und Energievorräten auf. Liegt Europa beim Energieverbrauch weltweit

© Verlag an der Ruhr | Postfach 102251 | 45422 Mülheim an der Ruhr | www.verlagruhr.de | ISBN 978-3-8346-0292-3

10 Dynamische Karten

auf dem zweiten Platz, so bleibt ihm bei den Erdölvorräten nur die letzte Position. Entsprechend stark ist Europa auf Erdölimporte angewiesen; und diese Importabhängigkeit stellt immer einen besonderen Risikofaktor dar. Über die Sicherheit der Energieversorgung eines Landes entscheidet deshalb immer auch die Importquote. Für die Bundesrepublik Deutschland lag diese Quote im Jahr 2006 bei 75%.

Für die einzelnen Energieträger fällt die Importquote jeweils sehr unterschiedlich aus. In der Bundesrepublik beträgt sie für:

Uran	100 %
Erdöl	97 %
Erdgas	83 %
Steinkohle	61 %
Braunkohle	0,1 %

Informationen aus:
- *www.ngo-online.de*
- *www.greenpeace.de/fileadmin/gpd/user_upload/themen/energie/Schwarzbuch_f__r_Internet.pdf*

Insgesamt beweist diese Auflistung ein gefährliches Ungleichgewicht im Verhältnis von Energieverbrauch und Energieförderung. Für die Bundesrepublik ist es deshalb eine Überlebensfrage, wie gut sie ihre wichtigste Ressource nutzt: Energiesparkonzepte sind unabdingbar.

Die Welt in einer anderen Dimension

Die Kugelgestalt der Erde im Kartenbild darzustellen – das macht immer Probleme. Denn bei der Projektion kommt es zwangsläufig zu Verzerrungen. Und es ist Sache der Fachleute, darüber zu streiten, ob sich dieses Problem am besten mit der Zylinder-, der Kegel- oder der Azimutalprojektion lösen lässt. Trotzdem hat jeder Fernsehzuschauer den Grundaufbau einer Weltkarte im Kopf. Denn kaum eine Nachrichtensendung scheint ohne eine solche Hintergrundgrafik auszukommen.

Wenn es um Fragen des Energieverbrauchs oder der Energievorräte geht, fallen erhebliche regionale Verzerrungen ins Gewicht. Und es erscheint als eine nur schwer zu lösende Aufgabe, diese Verzerrungen möglichst anschaulich darzustellen. Im Rahmen einer thematischen Karte ließen sich z.B. die einzelnen Länder ihrem jeweiligen Energieverbrauch entsprechend einfärben. Man kann auch die Anteile der Energieträger an der Gesamtversorgung eines Landes in Form von Kreisdiagrammen darstellen. Wesentlich eindrucksvoller aber gelingt die Darstellung kontinent- oder länderspezifischer Unterschiede, z.B. im Verbrauch von Energie oder beim Vorkommen von primären Energiequellen, mit Hilfe dynamischer Karten: Hier wird zwar an den Umrissen der einzelnen Kontinente nichts geändert, ihre Größe aber richtet sich jeweils nach dem zu Grunde gelegten Leitkriterium. In einer Weltkarte, bei der es um die durchschnittliche Lebenserwartung der Bevölkerung geht, würden Nordamerika und Europa z.B. erheblich ausgedehnt dargestellt, während Afrika, Asien und Lateinamerika zusammenschrumpfen würden. Ginge es aber z.B. um die Verbreitung von AIDS, würde sich ein ganz anderes Bild ergeben: Hier wäre der afrikanische Kontinent im Vergleich zum amerikanischen wesentlich umfangreicher darzustellen, ganz anders als es den realen topografischen Größenverhältnissen entspricht.

Die Weltkarten, die im Rahmen des Geografieunterrichts verwendet werden, zeigen immer dieselben Umrisse. Das stumpft ab und vermittelt keinen Eindruck von der Brisanz globaler Ungleichgewichte. Diese aber werden erst augenfällig, wenn die Jugendliche eigene Weltkarten gestalten; so z.B. eine Karte, die den Energieverbrauch im weltweiten **Maßstab** zeigt.

Primärenergieverbrauch der Welt (2004)

Land/Erdteil	Verbrauch in Mio. t SKE
Afrika	835,96
Nordamerika (USA/Kanada)	3944,39
Südamerika	692,66
Asien (Nicht-OECD-Länder)	4852,01
Europa (OECD-Länder)	2668,26
Europa (Nicht-OECD-Länder)	150,13
Frühere SU	1398,96

Informationen aus:
- *Bundesministerium für Wirtschaft und Technologie (Hrsg.): Energie-Daten 2006*

© Verlag an der Ruhr | Postfach 102251 | 45422 Mülheim an der Ruhr | www.verlagruhr.de | ISBN 978-3-8346-0292-3

In drei Schritten zu einer neuen Weltsicht: Beispiel Südamerika

Kopiert eine Weltkarte, und schneidet daraus die einzelnen Kontinente aus. Vergrößert/verkleinert diese mit Hilfe eines stufenlos verstellbaren Fotokopierers entsprechend den jeweiligen Geodaten. Die so vergrößerten Umrisse werden auf festen Karton geklebt und zu einer etwas anderen Weltkarte zusammenmontiert. Die neue Weltkarte könnt ihr in eurem Aufenthaltsraum aufhängen.

Ein „Feedback" ist euch sicher, wenn andere auf die ungewöhnlichen Kartenprojektionen aufmerksam werden und sie von euch erläutert bekommen wollen. Und oft bedarf es einer solchen Störung eingeschliffener Sehgewohnheiten, um sich selbst und andere zum Nachdenken anzuregen.

1. Schritt:

Zunächst geht es darum, für jeden Kontinent/geografischen Großraum den Anteil am gesamten Festland der Erde auszurechnen. Aus den bekannten Daten muss deshalb die entsprechende Prozentzahl ermittelt werden.

Dabei sollte nach der folgenden Formel vorgegangen werden:

$$\frac{\textbf{Gesamtfläche des Kontinents x 100 \%}}{\textbf{Gesamtfläche aller Kontinente}}$$

Am Beispiel Südamerikas wird aus dieser Formel eine sehr konkrete Rechnung. Die gesamte Festlandfläche der Erde beträgt 150 Millionen qkm. Die Gesamtfläche Südamerikas dagegen beträgt etwa 18 Millionen qkm. Daraus lässt sich der Anteil Südamerikas an der Festlandfläche der Erde errechnen.

$$\frac{\textbf{18 Millionen qkm x 100 \%}}{\textbf{150 Millionen qkm}} = \textbf{12 \%}$$

2. Schritt:

In einem zweiten Schritt wird nach dem Anteil Südamerikas am Weltenergieverbrauch bzw. an den Weltenergievorräten gefragt.

Dafür steht die folgende Formel:

$$\frac{\textbf{Energieverbrauch* eines Kontinents x 100 \%}}{\textbf{Gesamtsumme des Weltenergieverbrauchs}^{\circ}}$$

* = Verbrauch der Energievorräte
° = Verbrauch der Weltenergievorräte

Auch hier lassen sich die Zahlen für Südamerika einsetzen. Auf der Welt werden etwa 15,8 Milliarden Tonnen SKE an Primärenergie verbraucht. Der Verbrauch Südamerikas an Primärenergie dagegen beträgt etwa 0,7 Milliarden Tonnen SKE. Das bedeutet:

$$\frac{\textbf{0,7 Mrd. t SKE x 100 \%}}{\textbf{15,8 Mrd. t SKE}} = \textbf{4,43 \%}$$

3. Schritt:

Abschließend muss nur noch errechnet werden, in welchem Umfang die Fläche des betreffenden Kontinents vergrößert bzw. verkleinert werden muss, damit die Größe Südamerikas proportional ist zu seinem Energieverbrauch. Das lässt sich nach der folgenden Formel errechnen:

$$\frac{\textbf{Anteil am Weltenergieverbrauch* x 100 \%}}{\textbf{Anteil an der Gesamtfläche aller Kontinente}}$$

*= Verbrauch an Weltenergievorräten

Die entsprechenden Zahlen liegen für Südamerika bereits vor. Sie müssen nur noch eingesetzt werden.

$$\frac{\textbf{4,43 \% x 100 \%}}{\textbf{12 \%}} = \textbf{36,9 \%}$$

Das bedeutet: Auf einer Karte, die die Verteilung des Energieverbrauchs zeigt, müsste Südamerika auf 36,9 % seines Umfangs verkleinert dargestellt werden.

© Verlag an der Ruhr | Postfach 102251 | 45422 Mülheim an der Ruhr | www.verlagruhr.de | ISBN 978-3-8346-0292-3

10 Dynamische Karten

© Verlag an der Ruhr | Postfach 102251 | 45422 Mülheim an der Ruhr | www.verlagruhr.de | ISBN 978-3-8346-0292-3

Energie aus Wasser 11

Vom Wasserrad zum Kraftwerk

Würden alle Wasserkraft-Ressourcen der Erde wirtschaftlich genutzt, so könnten damit etwa 20 Millionen Gigawattstunden Elektrizität erzeugt werden. Man geht heute allerdings davon aus, dass allenfalls 10 % dieses Potenzials bereits erschlossen sind. Immerhin ist die Wasserkraft aber bereits mit einem Anteil von 19 % an der weltweiten Stromerzeugung beteiligt. Das Potenzial an Wasserkraft ist aber etwa 5-mal so groß: Wasserkraftwerke könnten somit einen wichtigen Beitrag zur Lösung des Weltenergieproblems leisten.

Geografisch gesehen, sind die Wasserkräfte sehr unterschiedlich verteilt: Rund zwei Drittel liegen in Ländern der Dritten Welt. Aber auch innerhalb Europas, wo die nutzbaren Wasserkräfte zu rund einem Drittel ausgeschöpft sind, ist die Verteilung sehr unterschiedlich: Norwegen erzeugt 99 % seines Stroms aus Wasserkraft, Österreich etwa 72 %, Frankreich 16 % bis zu Deutschland, das gerade mal 4 % des Stroms aus Wasserkraft erzeugt.

Schon im alten Rom waren Wasserräder im Betrieb, die einerseits für die Bewässerung der Felder, andererseits für das Mahlen des Getreides genutzt wurden. Den Höhepunkt seiner Entwicklung erreichte das Wasserrad mit der Erfindung des Turbinenrades. In diesem Zusammenhang wurde 1882 das erste Wasserkraftwerk errichtet. Erst mit der Entwicklung und der Einführung der Dampfmaschine wurde es möglich, Wärme für die Erzeugung von Elektrizität zu nutzen. Damit wurde die Wasserkraft im Ranking der Energieträger auf den zweiten Platz verdrängt.

Je nach Lage und Relief arbeiten die Wasserkraftwerke nach unterschiedlichen Prinzipien. Insgesamt sind weltweit vor allem drei Kraftwerksmodelle im Einsatz:

- **das Laufwasserkraftwerk** nutzt die Dynamik der Flüsse. Es wird als ein Riegel quer zum Flussverlauf errichtet und besitzt keine Speichermöglichkeit. Auf die wechselnde Nachfrage nach Energie kann das Laufwasserkraftwerk daher nicht reagieren. Deshalb wird dieser Kraftwerkstyp vor allem zur Deckung des Grundlastbedarfs genutzt.
- **das Pumpspeicherwerk** nutzt das Gefälle zwischen einem höher und einem tiefer liegenden Staubecken. Bei Bedarf wird Wasser vom unteren in das obere Becken gepumpt, wo es gespeichert werden kann, bis die Nachfrage nach Energie wieder ansteigt. Pumpspeicherkraftwerke sind weltweit vor allem als Spitzenlastkraftwerke im Einsatz. Im Alpenraum sind die technisch und wirtschaftlich sinnvollen Standorte für die Anlage eines Pumpspeicherwerks inzwischen weitgehend ausgeschöpft.
- **das Gezeitenkraftwerk** nutzt den Tidenhub, also den Unterschied in der Wasserhöhe zwischen Ebbe und Flut. Rentabel arbeiten kann ein solches Gezeitenkraftwerk nur, wenn der Tidenhub mindestens fünf Meter beträgt. Das aber ist nur an ganz wenigen Standorten der Fall.

Anders als die Sonnenenergie, der unbegrenzte Entwicklungsmöglichkeiten zugestanden werden, scheinen die Nutzungs- und Einsatzmöglichkeiten der Wasserkraft – zumindest auf dem Gebiet der Bundesrepublik Deutschland – weitgehend ausgereizt. Hier werden 80 % des verfügbaren Potenzials bereits wirtschaftlich genutzt. Im europäischen Raum sind es dagegen erst 33 %. So werden heute neue Laufwasserkraftwerke in der Bundesrepublik nur noch da errichtet, wo mit entsprechenden Synergieeffekten zu rechnen ist (Hochwasserschutz, Flussbegradigung). Trotzdem ist die Wasserkraft überzeugendes Beispiel einer regenerativen Energie: Sie ist nicht nur dauerhaft verfügbar, sondern hat mit 90 % auch einen enorm hohen Wirkungsgrad bei der Umwandlung in elektrischen Strom.

Informationen aus:
- *www.energiewelten.de/elexikon/lexikon/seiten/htm/050201_Die_Wasserkraefte_der_Erde.htm*
- *www.thema-energie.de/category/show_category.cfm?cid=1666*
- *http://www.wasserkraft.org/*

Die Jugendlichen als Ausstellungsmacher

Die Fähigkeit, die eigenen Recherchen angemessen aufbereiten und präsentieren zu können, gehört zu den in einer Mediengesellschaft unverzichtbaren Schlüsselqualifikationen. Über die Gestaltung einer Ausstellung aber erfahren die Jugendlichen, wie man gleichzeitig seinen Ansprüchen an eine sachliche Auseinandersetzung mit dem Thema und den Bedürfnissen seines Publikums gerecht werden kann.

© Verlag an der Ruhr | Postfach 102251 | 45422 Mülheim an der Ruhr | www.verlagruhr.de | ISBN 978-3-8346-0292-3

11 Eine Ausstellung ansprechend gestalten

1. Informationen beschaffen

Voraussetzung für jede Ausstellungstätigkeit sind gründliche Recherchen und eine große Vertrautheit mit der Materie. Bevor ihr euch an die Öffentlichkeit wendet, müsst ihr euch eurer Sache wirklich sicher sein. Das aber ist nur arbeitsteilig zu leisten:

- Eine Gruppe sollte die Bibliotheken durchkämmen, um nach geeignetem Material zu suchen.
- Eine andere kann die Behörden und Unternehmen anschreiben, um sich auf diesem Weg mit Informationen einzudecken.
- Eine dritte Gruppe wird ihre Recherchen im Internet anstellen.

2. Themenschwerpunkte festlegen

Auf der Basis des so gesammelten Materials könnt ihr dann überlegen, wie sich die Ausstellung logisch aufbauen ließe. Dabei hat es sich bewährt, zu thematischen Schwerpunkten und ausgewählten Aspekten Mind Maps anzufertigen und damit dem Besucher eine erste Orientierung anzubieten. Eine solche Auswahl bedeutet gleichzeitig eine Beschränkung, da andere Aspekte des Themas ausgeblendet bleiben. Das ist jedoch notwendig, damit kein Besucher in einer Überfülle an Informationen erstickt.

3. Besucher wach halten und aktiv einbeziehen

Es muss darauf geachtet werden, dass der flüchtige Besucher ebenso auf seine Kosten kommt wie derjenige, der für den Besuch der Ausstellung eine ganze Stunde Zeit investiert. Vor allem aber kommt es darauf an, den Besucher durch einen Wechsel der Präsentationsformen nicht ermüden zu lassen. Dabei sind die folgenden Aspekte zu berücksichtigen:

- Für jeden Besucher muss es etwas zu entdecken geben. Das aufbereitete Material muss so offen gestaltet sein, dass der Besucher eigene Nachforschungen anstellen kann. Ihm muss Gelegenheit zum Nachschauen, zum Nachblättern und zum Nachfragen gegeben werden.
- Die Ausstellung muss alle Sinne ansprechen. Es darf nicht damit getan sein, den Besucher ausschließlich mit der gefürchteten „Flachware" – also Texten, Fotos oder Karten – zu konfrontieren. Deshalb muss es auch Elemente im Ausstellungskonzept geben, die das Gehör und den Tastsinn des Besuchers ansprechen.
- Der Besucher muss zu eigenen Aktivitäten herausgefordert werden. Er muss Gelegenheit haben, sein Vorwissen zum Thema der Ausstellung zu überprüfen und seine Meinung in die Ausstellung einzubringen.

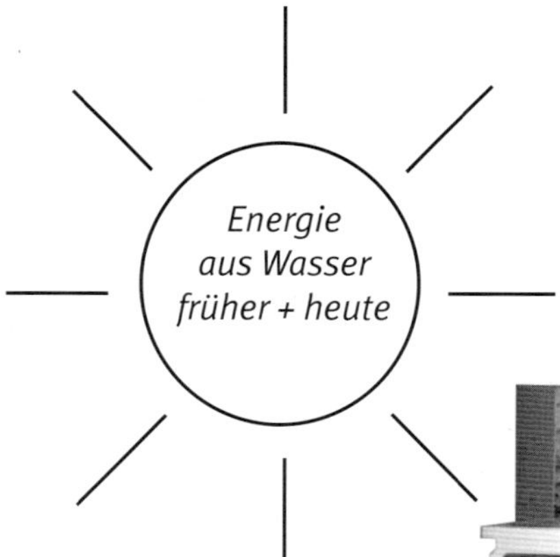

© Verlag an der Ruhr | Postfach 102251 | 45422 Mülheim an der Ruhr | www.verlagruhr.de | ISBN 978-3-8346-0292-3

Projektbeitrag verschiedener Fachbereiche

Ein Ausstellungskonzept

Als geeigneter Ort für die Ausstellung bietet sich zunächst ein Schulhaus an. Viele Schulen verfügen z.B. über eine große Pausenhalle oder wenigstens über eine Aula, wo die Ausstellung in einem angemessenen Rahmen präsentiert werden könnte. Noch attraktiver für die Jugendlichen wäre aber ein Ausstellungsort außerhalb der Schule. Hier ist an das Foyer des lokalen Wasserversorgungsunternehmens zu denken, aber auch an die Eingangshalle des Rathauses. Solche Standorte gewährleisten, dass sich nicht nur die schulinterne Öffentlichkeit für eine Ausstellung interessiert – und das könnte für die Jugendlichen eine zusätzliche Motivation bedeuten. Es versteht sich von selbst, dass die Ausstellung mit einer großen Vernissage eröffnet wird und dass die beteiligten Jugendlichen regelmäßige Führungen organisieren.

1. Geschichte

A Rekonstruktion eines römischen Wasserweckers

Diese Erfindung stammt aus der Zeit des Kaisers Tiberius – und sie funktioniert noch heute: Tropfendes Wasser bringt ein Gefäß zum Überlaufen. Dadurch wird ein Hebelmechanismus ausgelöst, der schließlich eine Glocke zum Läuten bringt. Der Wasserwecker lässt sich von Jugendlichen mit Hilfe eines Technik-Baukastens nachbauen.
Literatur:
Abeler, J.: Eine Kulturgeschichte der Zeitmessung, Ullstein – Uhrenbuch, Frankfurt a. M., 1999

B Modell eines Toilettensitzes aus dem alten Rom

Schon im alten Rom kannte man Wasserklosetts und wusste sich der Dynamik des Wassers zu bedienen.

C Historische Stiche, die ein Hammerwerk vor Ort zeigen

Mit dem Übergang von der Schmiede zum Hammerwerk begann vielerorts die Industrialisierung. Und immer waren solche Hammerwerke an einem Flusslauf angesiedelt. Im Heimatmuseum entdecken die Jugendlichen dazu geeignetes Bildmaterial.

2. Technik

A Schematische Darstellung eines Laufwasser-, eines Pumpspeicher- und eines Gezeitenkraftwerks

Über die Funktionsweise der unterschiedlichen Kraftwerkstypen kann man sich in entsprechenden Büchern informieren. Die Jugendlichen übertragen diese Skizzen auf große Bildtafeln und heben die markanten Punkte durch kleine Lämpchen hervor.

B Ergebnisse eines Konstruktionswettbewerbs für Wasserräder unter Jugendlichen

Im Rahmen eines Ausfluges haben die Jugendlichen die Aufgabe, an einem Bachlauf mit Hölzern aus dem Wald ein Wasserrad zu bauen. Anschließend wird ermittelt, welches Rad sich am schnellsten dreht.
Für die Ausstellung bauen die Sieger ihre Wasserräder noch einmal auf.

C Modell einer Pelton-Turbine

Die Pelton-Turbine findet heute in fast allen Wasserkraftwerken Verwendung. Beim örtlichen Energieversorgungsunternehmen erfahren die Jugendlichen die Adressen solcher Kraftwerke. Hier erhält man in der Regel viel geeignetes Informationsmaterial.

D Besucher-Quiz zur Leistungsfähigkeit eines modernen Pumpspeicherkraftwerks

Hier bekommen auch die Besucher der Ausstellung etwas zu tun: Neben der schematischen Darstellung eines Pumpspeicherkraftwerks liegen Karten, die wie ein Lottoschein gestaltet sind. Die Besucher können

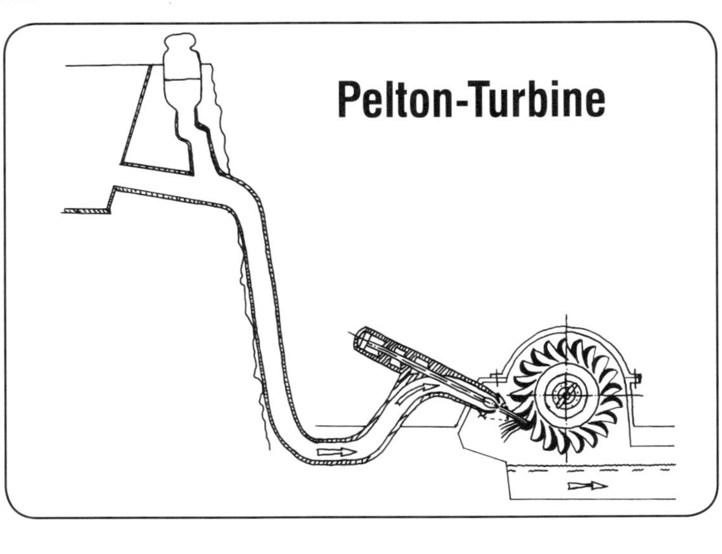

© Verlag an der Ruhr | Postfach 102251 | 45422 Mülheim an der Ruhr | www.verlagruhr.de | ISBN 978-3-8346-0292-3

Projektbeitrag verschiedener Fachbereiche

hier die von ihnen geschätzten Zahlen ankreuzen. Der Besucher, der am besten geschätzt hat, bekommt ein Präsent oder eine selbstgebastelte Urkunde.

3. Erdkunde

A Topografische Karte der Bundesrepublik mit Markierung der Standorte von Wasserkraftwerken

Im nächstgelegenen Wasserkraftwerk können sich die Jugendlichen erkundigen, wo sich in ihrem Bundesland Wasserkraftwerke befinden. Diese Standorte markieren sie mit farbigen Fähnchen auf einer Reliefkarte. Jeder Kraftwerkstyp bekommt dabei eine eigene Farbe.

B Ergebnis einer Ansichtskartenaktion

Für die Sommerferien nehmen sich die Jugendlichen vor: Immer wenn sie im Urlaub auf ein Kraftwerk stoßen, bringen sie eine entsprechende Ansichtskarte mit.

C Dynamische Weltkarte zum Verhältnis von Wasserressourcen und Wassernutzung in den einzelnen Kontinenten

Was es mit den dynamischen Karten auf sich hat – darüber informiert Kapitel 11. Die Jugendlichen verändern die Ausdehnung der einzelnen Kontinente zunächst entsprechend ihrem nutzbaren Potenzial an Wasserkraft und dann entsprechend der tatsächlichen Ausbeute dieses Potenzials.

D Standort-Quiz unter den Besuchern zur Anlage eines Gezeitenkraftwerks

Die Besucher finden hier die topografische Darstellung einer Flussmündung. Mit einem namentlich gekennzeichneten Fähnchen markieren sie, wo sie ein Gezeitenkraftwerk ansiedeln würden. Wenn sich alle Besucher auf dem Kartenausschnitt „verewigt“ haben, kann der Sieger ermittelt werden.

4. Sozialwissenschaften/Politik

A Statistisches Lotto zur Bedeutsamkeit verschiedener Energieträger

Auch hier bekommen die Besucher etwas zu tun: Sie müssen ankreuzen, wie sich der Anteil der einzelnen Energieträger seit dem Zweiten Weltkrieg entwickelt hat. Und wenn sie richtigliegen, werden sie der Wasserkraft einen weitgehend konstanten Wert bescheinigen – ganz anders als z.B. dem Erdöl oder der Kernenergie.

B Schlagzeilen zu einem umstrittenen Kraftwerksprojekt

Die Jugendlichen recherchieren im Archiv der örtlichen Tageszeitung, wann ein solches Kraftwerksprojekt Schlagzeilen gemacht hat. Die Diskussionen um die Errichtung eines Laufwasserkraftwerks an der Donau könnten dafür ein Beispiel sein. Diese Schlagzeilen werden dann zu einer Collage montiert.

C Internet-Café mit den Pages der unterschiedlichen Wasserkraftunternehmen

Besucher, die vom vielen Schauen und Lesen schon etwas ermüdet sind, können an einem PC selber aktiv werden. Hier werden sie zu den Internetseiten der Betreiber von Wasserkraftwerken geführt.

Beispiele für Internetseiten:
- *Wasserkraftwerk Kahlenberg, Mülheim Ruhraue www.rww.de/wasserkr.htm*
- *Bayernwerk Wasserkraft AG: www.wasserkraft.de*

D Aussagen in Wahlprogrammen verschiedener Parteien zur Nutzung der Wasserenergie

Die Jugendlichen haben die örtlichen Parteibüros angeschrieben, um die Programme zu den letzten Landtagswahlen anzufordern. Die Ergebnisse ihrer Recherchen zur Bedeutung der Wasserenergie in den Parteiprogrammen stellen die Jugendlichen auf einer Schautafel dar.

E Auszüge aus einer Rede Lenins

Für den Begründer der Sowjetunion war die Nutzung der Wasserkraft eine wichtige Säule des technologischen Fortschritts. In seinen Reden hat er diese Zukunftsperspektive immer wieder beschworen. Bei vielen Pädagogen der 1968er-Generation lagern die Reden Lenins noch auf dem Dachboden. Da wird man sicher rasch fündig.

© Verlag an der Ruhr | Postfach 102251 | 45422 Mülheim an der Ruhr | www.verlagruhr.de | ISBN 978-3-8346-0292-3

Projektbeitrag verschiedener Fachbereiche

5. Kunst

A Akustische Collage: „Wasser hören“

Dazu zeichnen die Jugendlichen mit Mikrofon und Kassettenrekorder oder Aufnahmegeräten möglichst unterschiedliche Wassergeräusche auf. Sie bedienen sich dabei auch der einschlägigen CDs mit Alltagsgeräuschen. Anschließend werden diese Geräusche zusammenmontiert und überspielt.

B Reproduktion von expressionistischen Gemälden zur Dynamik des Wassers

Für einzelne Maler des Expressionismus – wie Wassily Kandinsky – waren Wasserfälle oder Überschwemmungen gefragte Motive. In einschlägigen Bildbänden suchen die Jugendlichen Belege für diese Symbiose von Kunst und Wasser.

C Collage von Plakaten der Mineralwasser-Werbung

In vielen Getränkemärkten, mit Sicherheit aber bei jedem Hersteller von Erfrischungsgetränken sind solche Plakate zu bekommen. Die Jugendlichen montieren diese Werbeanzeigen so verlockend, dass sich beim Besucher der Ausstellung unwillkürlich Durstgefühle einstellen.

D Ergebnisse eines Ideen-Wettbewerbs für ein Logo zur Wasserkraft

Diesen Wettbewerb haben die Jugendlichen untereinander ausgetragen. Und die besten Entwürfe sind auf einer nachgebauten Litfaßsäule zu bewundern.

© Verlag an der Ruhr | Postfach 102251 | 45422 Mülheim an der Ruhr | www.verlagruhr.de | ISBN 978-3-8346-0292-3

12 Energie aus Wind

Eine Symbiose aus Technik und Ästhetik

Seitdem die Menschheit damit begonnen hat, die Windenergie wirtschaftlich zu nutzen, hat diese Nutzung immer auch eine ästhetische Dimension. Das dürfte für die ersten Segelschiffe gegolten haben, die im alten Ägypten entwickelt wurden. Das wird man aber auch an den ersten Windmühlen beobachtet haben, mit denen Perser und Griechen die Kraft des Windes zum Mahlen des Korns, aber auch zur Bewässerung der Felder zu nutzen wussten. Bis zur Einführung dampfbetriebener Antriebssysteme waren es die großen Segelschiffe, die den Verkehr auf den Weltmeeren beherrschten. Und immer wieder hat ihr besonderer ästhetischer Reiz die bildende Kunst beflügelt. Ähnliches gilt für die Windmühlen, die später vor allem in Holland und Dänemark zum wichtigsten Energielieferanten wurden. Auch sie wurden erst durch die Erfindung der Dampfmaschine im 19. Jahrhundert verdrängt.

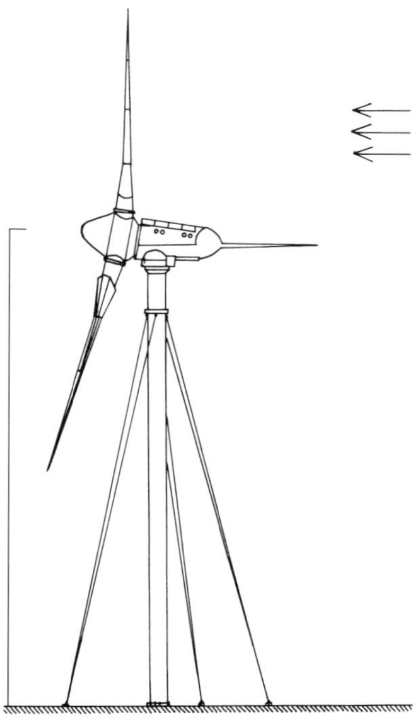

Die Faszination der Windmühlen oder der Hochseesegler auf Schaulustige und Touristen ist ungebrochen.

Die große Zeit der Windmühlen ist unweigerlich abgelaufen. Moderne Windkraftanlagen treiben weder Mühlen noch Pumpen an. Sie sind in der Regel mit einem Generator verbunden, liefern also elektrische Energie. Die vielen unterschiedlichen Modelle, die dafür inzwischen zur Verfügung stehen, arbeiten im Wesentlichen nach zwei Prinzipien:

- Das Windrad steht senkrecht zur Windrichtung und besitzt eine waagerecht angeordnete Welle (Horizontalachsenkonverter).
  Der Wind greift die schräg gestellten Flügel oder Schaufeln an und lässt sie so rotieren. Der Querschnitt dieser Rotorblätter entspricht übrigens dem der Tragflächen eines Segelflugzeugs. Voraussetzung einer solchen Anlage sind Vorkehrungen, die den Rotor jeweils auf eine Änderung der Windrichtung reagieren lassen. Moderne Großanlagen arbeiten nach diesem Prinzip.
- Das Windrad steht waagerecht zur Windrichtung; seine Welle ist senkrecht angeordnet (Vertikalachsenkonverter).

Hier greift der Wind die zu Schaufeln geformten Flügel an. Einerseits ist es dabei nicht notwendig, die Achse der Anlage jeweils auf die Windrichtung hin auszurichten. Andererseits ist hier die Angriffsfläche und damit auch der Wirkungsgrad kleiner. Dieses Funktionsprinzip scheint daher eher für kleine, dezentrale Anlagen geeignet.

Grundsätzlich geht man davon aus, dass Windgeneratoren ab einer Windgeschwindigkeit von 5 Metern pro Sekunde wirtschaftlich arbeiten können. In der Bundesrepublik werden diese Geschwindigkeiten vor allem in den nördlichen Bundesländern gemessen. Aber auch Anlagen in den Hochlagen der Mittelgebirge von Baden-Württemberg oder Bayern arbeiten rentabel. Im Jahr 2006 sind etwa 18000 Windenergieanlagen mit einer Gesamtleistung von 19299 MW installiert worden. Damit können etwa 6,8 % des deutschen Strombedarfs gedeckt werden. Deutschland liegt im internationalen Vergleich an der Spitze im Hinblick auf die installierte Windenergieleistung. Skeptiker sind allerdings überzeugt, dass die Windenergie keinen nennenswerten Beitrag zur Stromerzeugung leistet. Windenergie falle in Deutschland nur unregelmäßig an, sodass nur ein Bruchteil der benötigten Energiemenge gedeckt werden könne. Ein weiteres Argument sind hohe Regelenergiekosten, was aber, wie Studien belegen, nicht haltbar ist.

© Verlag an der Ruhr | Postfach 102251 | 45422 Mülheim an der Ruhr | www.verlagruhr.de | ISBN 978-3-8346-0292-3

Einen Windpark gestalten

Ein neues Profil für den (Schul-)Garten

Wie das Schullandheim oder die Schülerbibliothek gehört der Schulgarten zu jenen Traditionen der Reformpädagogik, die sich ihrer ursprünglichen Idee inzwischen weitgehend entfremdet haben. Den Ideengebern der Schulgartenbewegung ging es einerseits darum, den naturentwöhnten Großstadtkindern eine grüne Oase als einen Ort zur Beobachtung und zur Pflege von Pflanzen anzubieten. Andererseits verstand sich der Schulgarten von Anfang an als ein Projekt des praktischen Lernens: Hier sollten die Schulkinder mit Schaufel, Harke und Gießkanne einen Ausgleich zur Kopflastigkeit des Fachunterrichts finden können. In der Weimarer Republik und in der Nachkriegszeit wurden viele dieser reformpädagogisch ambitionierten Einrichtungen zu kollektiven Schrebergärten umfunktioniert, um die hungernden Schüler mit dem Allernötigsten versorgen zu können. Aus einem möglichst abwechslungsreichen Lernort wurde so oft ein reiner Kartoffelacker.

Heute gehört ein Garten zum Standardangebot vieler Schulhäuser und öffentlicher Einrichtungen. Hinsichtlich seines pädagogischen Konzepts aber gehen die Auffassungen weit auseinander: In manchen Einrichtungen ist der Garten zum Betätigungsfeld einer kleinen, aber engagierten Arbeitsgemeinschaft geworden. In anderen Einrichtungen wiederum dient er den Lehrkräften und Pädagogen zur Veranschaulichung botanischer Sachverhalte. Daneben gibt es Einrichtungen, in denen diese ursprüngliche Anbindung eines Gartens an Lehrsituationen schon lange nicht mehr sichtbar ist. Eine solche Umwidmung macht aus dem Garten ein Refugium zum Entspannen und Meditieren. Welche Pflanzen hier wachsen, ist eher nebensächlich. Einige Einrichtungen sind noch weiter gegangen, haben den Garten aufgelöst und ihn im Rahmen einer Umgestaltung des Geländes in eine grüne Ruhelandschaft integriert.

Eine weitere Alternative wäre die Umgestaltung des Gartens zu einem Windpark: Hier wird am ursprünglichen Grundriss des Gartens nichts geändert. Aber zwischen den Bäumen, Beeten und Rasenflächen sind die unterschiedlichsten Installationen zu bewundern. Gemeinsam ist diesen Ausstellungsstücken nur, dass sie in Bewegung sind und dass es jeweils der Wind ist, der sie in Bewegung hält. Ein solcher Windpark schließt durchaus an alte Traditionen der Gartenkultur an: Von den Vogelscheuchen in den Bauerngärten bis zu den Mobiles in den Parkanlagen des Rokoko. Dazu informieren sich die Jugendlichen in der einschlägigen Fachliteratur, welche Objekte für dieses Projekt in Frage kommen und wie sie mit einfachen Mitteln nachgebaut werden können. Ein ganz alltäglicher Blickfang, wie ein Wetterhahn, hat im Windpark ebenso seinen Platz wie die neuesten Rotormodelle. Der Garten ist so um eine echte Attraktion reicher. Und die Jugendlichen erfahren, dass der Wind nicht nur als Energieträger interessant ist, sondern dass von ihm auch viele optische und akustische Reize ausgehen.

© Verlag an der Ruhr | Postfach 102251 | 45422 Mülheim an der Ruhr | www.verlagruhr.de | ISBN 978-3-8346-0292-3

12 Einen Windpark gestalten

Die Attraktionen eines Windparks

Im hinteren Teil des Gartens kann man der **Äolsharfe** lauschen. Ihr geheimnisvoller Klang war schon eine Attraktion der romantischen Gärten. Die Äolsharfe besteht aus einem Holzkasten, dessen Frontseite als Windfang ausgerichtet ist. In den Kasten sind mehrere Schall-Löcher eingelassen und über seine Deckplatte verschiedene Saiten gespannt. Durch einen Steg werden die Schwingungen der Saiten auf den Holzkasten übertragen. Dabei kann schon eine einzige Saite mehrstimmig klingen, was den besonderen Klangcharakter einer Äolsharfe ausmacht.

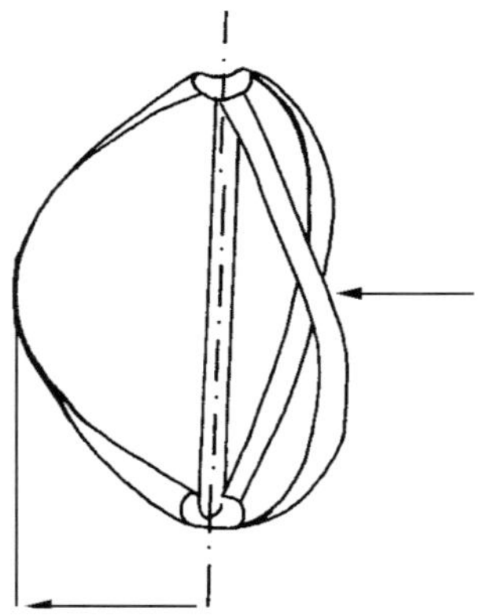

Über den Erdbeerbeeten dreht sich der **Darrieus-Rotor** zwar langsam, aber unermüdlich. Diese auch als „Windzwiebel" bekannte Installation besteht aus drei geschwungenen Flügeln. Ihre Achse ist horizontal zur Windrichtung angeordnet. Theoretisch ließe sich damit auch eine Turbine antreiben. Die Jugendlichen aber werden sich mit diesem sich bauchig aufwölbenden Windrad bald angefreundet haben – auch wenn dieses Objekt für sie keinen unmittelbaren Gebrauchswert hat.

Durch den Garten führt eine Asphaltbahn für die Jugendlichen, die sich hier im Inline-Skaten üben wollen. Hier hängt ein **Eissegel**, dessen besondere Wirkung sie an Ort und Stelle ausprobieren können. Das Eissegel hat eine dreieckige Form. Es besteht aus einem dichten Stoff und drei Holzstäben. Seine Wirkung ist ähnlich dem jedes anderen Segels: Wenn der Wind gegen seine Oberfläche bläst, setzt sich der „Skater" in Bewegung. Er kann sich dabei ganz der Windkraft anvertrauen.

© Verlag an der Ruhr | Postfach 102251 | 45422 Mülheim an der Ruhr | www.verlagruhr.de | ISBN 978-3-8346-0292-3

Einen Windpark gestalten

Am Eingangstor des Gartens ist ein **Klangvorhang** installiert, der jede Tür überflüssig macht. Er besteht aus einer Kollektion farbiger Glasscheiben, die an Nylonfäden aufgehängt sind. Schon bei leichtem Windgang schlagen die Scheiben gegeneinander. Das ergibt einen sehr beruhigenden Klang. Die Besucher des Gartens erleben den Klangvorhang als eine stille Aufforderung, alle Hektik und Aufgeregtheit draußen zu lassen.

Das **Riesenmobile** über dem Hochbeet ist schon von Weitem zu sehen: An einem „Galgen" aus Metall hängen verschiedene abstrakte Objekte, die schon bei leichtem Wind in Bewegung geraten. Wirklicher Stillstand herrscht hier eigentlich nie. Und: Alle Pendelobjekte sind aufeinander bezogen. Verändert ein Objekt seine Position, folgen ihm die anderen nach.

Der **Savoniusrotor** (s. Abb. unten) besteht aus einer senkrechten Achse, an die zwei halbe Zylinder montiert sind. Die beiden Halbschalen sind so angeordnet, dass zwischen ihnen ein Spalt frei bleibt. Dadurch werden Auftriebskräfte freigesetzt, die den Wirkungsgrad des Rotors verbessern. Seinen Standort hat der Savoniusrotor direkt neben der Kräuterspirale, vielleicht sogar auf deren Scheitelpunkt.

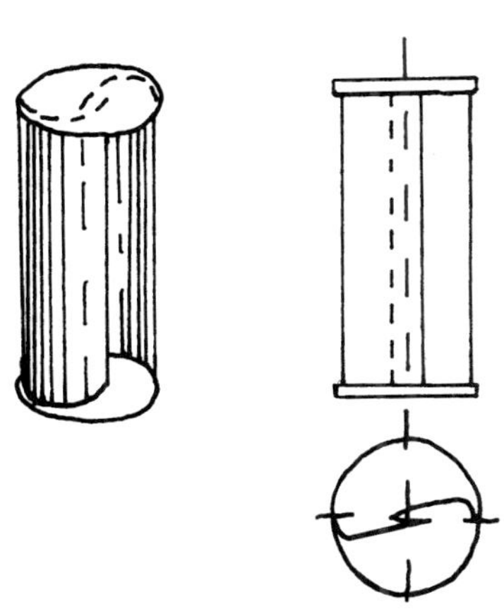

Unweit des gemauerten Grillplatzes befindet sich ein Modell der **Tvind-Mühle.** Dieses Windrad ist nach der bekannten dänischen Reformschule benannt. Hier gingen Schüler, Lehrer und Nachbarn 1977 gemeinsam daran, eine Windmühle zu entwerfen und zu bauen, damit sich das Internat ausschließlich mit selbsterzeugtem Strom versorgen konnte. Die Windmühle erkennt man schon von Weitem daran, dass sich hier drei Flügelblätter um eine Achse drehen. Sie erinnert damit an die Große Windkraft-Anlage (Growian), die lange Zeit als bundesdeutsches Vorzeigeprojekt für eine Nutzung der Windenergie galt.

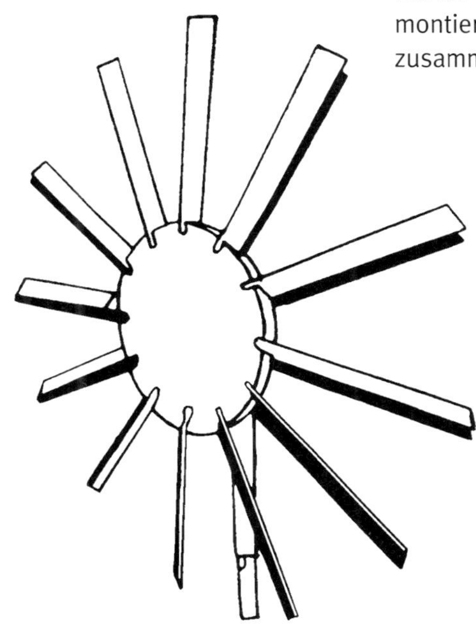

Über den Gemüsebeeten thront der **Vielflügler** (s. Abb. oben), die einfache Ausführung eines Windrades. Herzstück des Vielflüglers ist eine stabile Mittelscheibe, in die schräge Kerben eingelassen sind. In jede Kerbe wird ein Holzflügel gesteckt. Anders als z.B. der Zweiflügler hat dieses Modell eines Windrades eine große Flügelsummenfläche. Der Vielflügler gilt deshalb als ein Langsamläufer, der für die Energiegewinnung nicht in Frage kommt. Als Blickfang innerhalb des Gartens aber erfüllt er seinen Zweck.

Direkt neben der Kompostlege hat eine **Vogelscheuche** ihren Platz. Hier können sich viele Jugendliche mit ihren Ideen und mit freiwilligen Arbeitseinsatz einbringen. Mit ihren breiten Stanniolstreifen, die fast unentwegt im Wind flattern, lassen sich ungebetene Gäste tatsächlich abschrecken.

Der **Wetterhahn** hat seinen Platz auf dem Geräteschuppen. Er ist sicherlich das bekannteste Ausstellungsobjekt in diesem Windkraftpark. Entweder schwatzen die Jugendlichen einen solchen Wetterhahn dem Küster der benachbarten Kirchengemeinde ab – oder sie entwerfen das gute Stück selber und montieren es im Werkunterricht zusammen.

Eine **Windfahne** findet sich fast an jeder Autobahnbrücke. Im Garten ragt sie unweit des Biotops in den Himmel. Die Windfahne besteht aus einem sich nach einer Seite verjüngenden Stoffzylinder, der sich auch schon bei leichtem Windgang mit Luft anfüllt. Und die Tischtennisspieler werden jeweils einen Blick zur Windfahne riskieren, bevor sie ihre Schläger auspacken.

© Verlag an der Ruhr | Postfach 102251 | 45422 Mülheim an der Ruhr | www.verlagruhr.de | ISBN 978-3-8346-0292-3

13 Energie aus der Sonne

Wenn Kinderherzen höher schlagen

Für Fragen des Umweltschutzes sind Jugendliche nur bedingt zu begeistern: Denn Umweltschutz bedeutet für sie in erster Linie Verzicht – und verzichten wollen sie nicht. Wenn aber die Sonne ins Spiel kommt, dann schlägt die anfängliche Zurückhaltung rasch in Begeisterung um. Denn der Sonne und ihrem Mythos scheinen auch sie zu erliegen. Eine Einrichtung, die sich zu einem nachhaltigen Energiesparen verpflichtet hat, wird dieses Interesse zu nutzen wissen. Sie wird ihre wenig anheimelnden Bemühungen um Wärmedämmung, Lüftungstechnik oder Gerätewartung mit Aktivitäten zur Nutzung der Sonnenenergie flankieren. Der Glamour der Sonne kann das ganze Projekt beflügeln. Einige Dächer schmückt deshalb inzwischen eine Solaranlage.

Vielen, die ein Sonnen-Logo auf ihrem Fahrrad kleben haben, ist gar nicht bewusst, dass die Quelle dieser Energie eine Kernfusion im Inneren der Sonne ist. Dabei wird Wasserstoff in Helium verwandelt. Jährlich gibt die Sonne an unseren Planeten Energie im Umfang von $1{,}08 \times 10^{18}$ kWh ab. Diese Energiemenge entspricht dem 10 000-fachen Betrag dessen, was die Weltbevölkerung in jedem Jahr für Heizung und Haushalt, für den Verkehr und die industrielle Produktion benötigt. Allerdings erreichen davon nur 64,7 % die Erde. 31 % der von der Sonne abgegebenen Energie werden an der Atmosphäre reflektiert und in den Weltraum zurückgestrahlt, und 17 % werden von der Atmosphäre absorbiert. 4,3 % der Sonnenenergie werden an der Erdoberfläche reflektiert. Absorbiert werden von den Landflächen 14,3 % der Energie, von den Ozeanen 33 % und von Wind, Wellen und Meeresströmung 0,2 %. Was dabei von den Ozeanen oder vom Festland an Energie aufgenommen wird, wird nicht gespeichert, sondern – z.B. über den Prozess der Verdunstung – wieder an die Lufthülle abgegeben. Wirklich gespeichert werden über die Fotosynthese nur 0,1 % der Energie, die die Erde von der Sonne erhält.

So eindrucksvoll diese Zahlen auch sein mögen, sie ändern nichts daran, dass der Einfall der Sonnenstrahlen sehr starken Schwankungen unterliegt.

In Mitteleuropa z.B. beträgt die mittlere Einstrahlung im Dezember nur ein Zehntel der Einstrahlung, die im Juni gemessen wird. Diese Schwankungen im Energieangebot werden durch Schwankungen im Bedarf noch weiter verschärft.
So wird im Dezember zwar am meisten Energie verbraucht, die Sonne scheint den ganzen Monat über aber nur an 300 Stunden. Im Juni dagegen, wenn z.B. keine Heizenergie mehr benötigt wird, steigt diese Zahl auf 1 000 Stunden. Ihr Maximum erreicht die Strahlungsenergie der Sonne in der Bundesrepublik mit 8 kWh/qm, ihr Minimum mit 0,1 kWh/qm.
Ursprünglich ging man deshalb davon aus, dass eine Nutzung der Sonnenenergie zwar ein interessantes Projekt für die Länder der Dritten Welt sein könnte, in Mitteleuropa aber ohne Bedeutung bleiben werde. Demgegenüber sieht nicht zuletzt die Politik in der Nutzung der Sonnenenergie heute eines der vorrangigen Zukunftsprojekte.

Das hängt damit zusammen, dass viele solartechnische Anlagen heute nicht auf die direkte Sonneneinstrahlung angewiesen sind, sondern auch diffuses Licht verarbeiten können. Auch bei bewölktem Himmel kann also die Energie der Sonne genutzt werden. Zum anderen werden die Möglichkeiten zur Speicherung von Sonnenenergie technisch ständig weiterentwickelt, sodass man immer weniger von der direkten Sonneneinstrahlung abhängig ist. Schließlich wird ein Drittel der in den Industrieländern verbrauchten Energie für die Heizung und für die Warmwasserzubereitung verwendet. Hier lassen sich also auch solche solartechnischen Anlagen nutzen, die eine Erwärmung auf 100 Grad nicht erbringen können. Die Möglichkeiten einer Nutzung der Sonnenenergie scheinen also bei Weitem noch nicht ausgeschöpft.

Informationen aus:

- *Deutsche Gesellschaft für Sonnenenergie e.V.(DGS) www.dgs.de*
- *Unendlich viel Energie: erneuerbare Energien www.unendlich-viel-energie.de/index.php?id=52*

© Verlag an der Ruhr | Postfach 102251 | 45422 Mülheim an der Ruhr | www.verlagruhr.de | ISBN 978-3-8346-0292-3

Kochen und Heizen ohne Strom

Sanfte Technologie

Die meisten energetischen Anlagen sind so komplex konstruiert, dass die Jugendlichen mit einem detaillierten Einblick in ihre Funktionsweise überfordert wären. Deshalb weicht man z.B. im naturwissenschaftlichen Unterricht gerne auf einfache Modelle, aus um die wichtigsten Konstruktionsprinzipien zu veranschaulichen. Im Zusammenhang mit der Nutzung der Sonnenenergie sind solche Rücksichten nicht notwendig. Denn die Solartechnologie erschließt sich auch dem Laien ohne Probleme, stiftet ihn sogar zu eigenen Experimenten oder zum Bau einfacher Installationen an. Damit gilt die Solartechnik zu Recht als ein überzeugendes Beispiel sanfter Technologie. Das spricht für ihren Einsatz in Ländern der Dritten Welt, das spricht aber auch für ihren Einsatz im Werkunterricht oder beim Werken im Jugendheim.

Hier haben die Jugendlichen Gelegenheit, das, was sie sich in der Schule theoretisch angeeignet haben, in die Praxis umzusetzen. So kann bereits mit Kindern eine Sonnenuhr gebaut und im Hof aufgestellt werden. Dabei handelt es sich zwar um keine energetische Anlage. Aber immerhin bekommen die Jugendlichen einen ersten Eindruck, wie sich die Sonnenstrahlung im Alltag nutzen lässt. Sie tragen dazu ein Ziffernblatt auf und setzen den Polstab so, dass sein Neigungswinkel dem Breitengrad des Standorts entspricht. So lässt sich am Schatten des Zeigers jeweils die Uhrzeit ablesen. Älteren Jugendlichen dürften zwei Tage intensiver Planung und Arbeit reichen, um aus Materialien aus dem Baumarkt einen Sonnenkollektor zusammenzusetzen. Herzstück des Sonnenkollektors ist eine geschwärzte Platte aus Metall oder Kunststoff, die die Sonnenstrahlen absorbiert und damit die auftreffende Strahlungsenergie in Wärme verwandelt. Die Platte ist in ein flaches Gehäuse eingelassen, das von einer aufliegenden Glasplatte verschlossen wird. Über Rohre fließt Wasser durch das Gehäuse, das durch die absorbierte Energie erwärmt wird. Ganz findige Köpfe werden sich vielleicht sogar an die Konstruktion eines Sonnenofens wagen. Durch den Einsatz von Parabolspiegeln wird dabei die auf eine große Fläche einfallende Strahlungsenergie auf einen kleinen Brennbereich konzentriert. Damit funktioniert ein solcher Sonnenofen ähnlich wie ein Brennglas, mit dem die Jugendlichen in der Regel schon Erfahrung haben.

Ziel solcher Solarbasteleien kann es nicht sein, einen Beitrag zur Energieversorgung der Einrichtung zu leisten. Viel wichtiger ist der Lerneffekt für die beteiligten Jugendlichen, die hier die Strahlungsenergie der Sonne mit einfachsten Mitteln in Wärme verwandeln. Die Produkte können darüber hinaus beim nächsten Sommerfest den staunenden Eltern und Nachbarn vorgeführt werden. Sie können aber z.B. auch in die Physiksammlung der Schule eingehen, die so nach und nach um ein solartechnisches Kabinett ergänzt wird.

Ein Sonnenkocher ist kaum geeignet, den häuslichen Herd zu ersetzen. Denn für die Zubereitung von Speisen taugt er nur bedingt. Aber immerhin lässt sich mit ihm eine Tasse Tee kochen oder das Mittagessen warmhalten. Der Bau eines Sonnenkollektors setzt jedoch Erfahrung im Umgang mit professionellem Werkzeug voraus und ist daher eher für ältere Jugendliche geeignet, die schon grundlegende Kenntnisse im Werken erworben hat. Den Sonnenkocher hingegen können auch jüngere Jugendliche leicht anfertigen.

© Verlag an der Ruhr | Postfach 102251 | 45422 Mülheim an der Ruhr | www.verlagruhr.de | ISBN 978-3-8346-0292-3

13 Bauanleitung für einen Sonnenkocher

Der Sonnenkocher

Einen Sonnenkocher zu bauen, ist nicht schwer, ihr benötigt dazu nur ein paar Materialien, die beinahe in jedem Haushalt vorrätig sind.

Material:

- 1 runder Korb (z.B. ein Brotkorb)
- 1 Rolle Alufolie
- 1 großer Nagel
- Gemüse/Obst

1. Ihr kleidet zuerst den Korb mit Alufolie aus, und stellt ihn schräg gegen die Sonne.
2. Dann bohrt ihr von außen nach innen einen Nagel in den Boden des Korbs.
3. Jetzt könnt ihr auf den Nagel eine Kartoffel oder einen Bratapfel aufspießen.
4. Richtet nun euren selbstgebastelten „Backofen" immer wieder zur Sonne hin aus.

   Mit etwas Geduld ist eine „heiße Kartoffel" oder ein „Bratapfel" das Ergebnis eures ersten solartechnischen Versuchs.

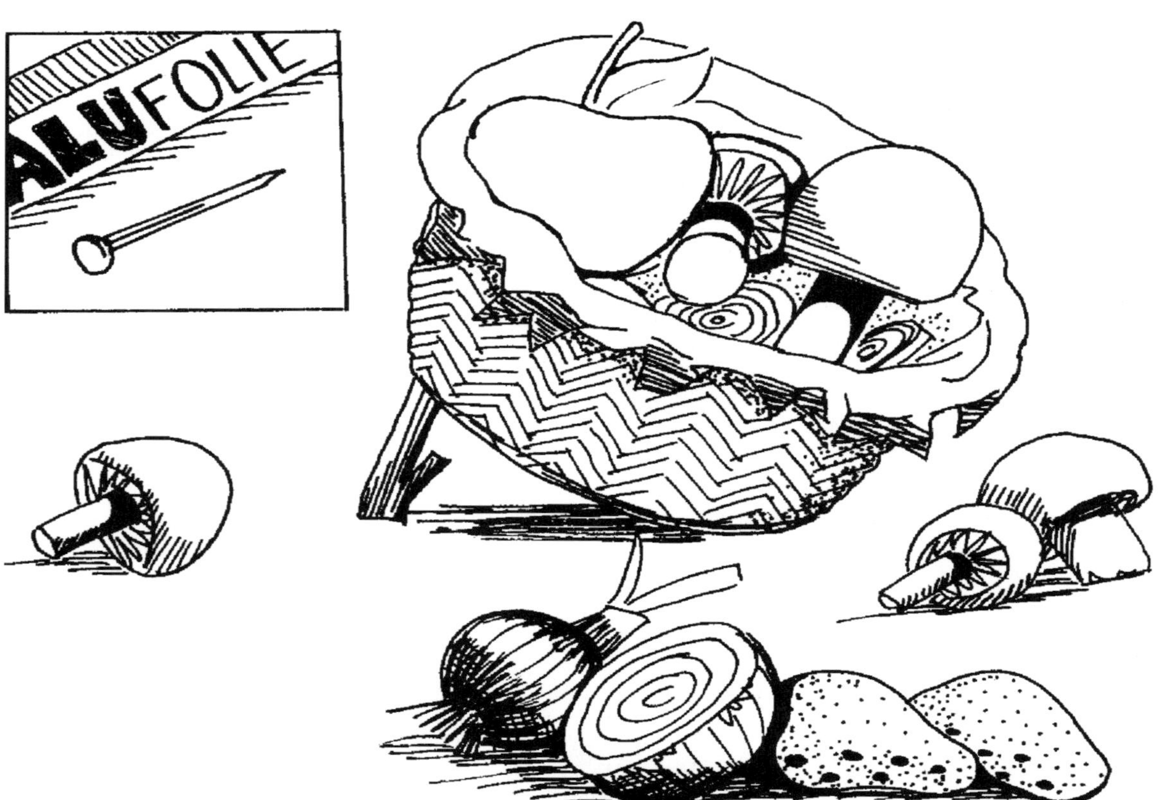

© Verlag an der Ruhr | Postfach 102251 | 45422 Mülheim an der Ruhr | www.verlagruhr.de | ISBN 978-3-8346-0292-3

Bauanleitung für einen Sonnenkollektor

Der Sonnenkollektor

Achtung! Bitte die Montage nur in Zusammenarbeit mit einem Erwachsenen ausführen. Beim Werken und beim Umgang mit Chemikalien sind die Sicherheitsvorschriften einzuhalten.

Montageanleitung

1. Baut den Kollektorrahmen entsprechend der Abbildung 2 zusammen.

2. Denkt daran, die Rückseite des Kollektors zu dämmen.

3. Der fertig gestellte Kollektorrahmen bietet sich auch als Arbeitsunterlage an, um den Absorber zusammenzubauen. Dazu solltet ihr mehrere Latten als Auflage über den Kollektorkasten legen und die Absorberstreifen nebeneinander anordnen. Nun werden die Absorberkanäle und die Anschlüsse am Verteilerrohr mit einem dünnen Tuch gereinigt.

   Anschließend werden die Verteilerrohranschlüsse mit Flussmittel bestrichen und die Absorberstreifen etwa 1,5 cm weit aufgesteckt. Ebenso können auch schon die Kappen und Anschlussleitungen angebracht werden.

4. Beim Lötvorgang wird die Lötstelle des Absorberanschlusses vom Verteilerrohr her erwärmt. Schlägt die Farbe des Flussmittels von grau in silbrig um, ist die Arbeitstemperatur erreicht und Lötzinn kann an die Lötstelle herangeführt werden. Durch den Kapillarspalt fließt das Lötzinn rund herum. Nach dem Lötvorgang sind die Lötstellen mit Wasser zu reinigen, um aggressive Lötmittelreste zu entfernen. Günstig ist es, wenn ihr jetzt schon den Absorber auf seine Dichtigkeit hin überprüft.

5. Legt den Absorber in den Kollektorkasten, und führt die Anschlussleitungen durch die Rohrdurchführungen. Befestigt den Absorber!

   Die übrigen Teilanschlüsse könnt ihr den Abbildungen entnehmen.

Notwendiges Werkzeug

1. Schraubenzieher
2. Kreuzschlitzschraubenzieher
3. Gummi- oder Holzhammer
4. Messer
5. Beißzange
6. Silikonspritze
7. Lötgerät
8. Bohrmaschine
9. Handschuhe
10. Stich- oder Kreissäge
11. Rohrabschneider

© Verlag an der Ruhr | Postfach 102251 | 45422 Mülheim an der Ruhr | www.verlagruhr.de | ISBN 978-3-8346-0292-3

13 Bauanleitung für einen Sonnenkollektor

Materialliste

(siehe Buchstabenkennzeichnung in den Abbildungen)

A 1 Hartfaserplatte (Grundplatte)
Maße: 750 mm x 350 mm x 13 mm

B 2 Weichholzleisten, profiliert (Rahmen)
Maße: 750 mm x 55 mm x 19 mm

C 2 Weichholzleisten, profiliert (Rahmen)
Maße: 460 mm x 55 mm x 19 mm

D 2 Hartfaserplatten (Boden und Zwischenboden)
Maße: 730 mm x 475 mm x 3 mm

E 2 Halbrundleisten
Maße: 750 mm x 22 mm;
2 Stck. Halbrundleisten
Maße: 500 mm x 22 mm (auf Gehrung geschnitten, dazu einige Nägel)

F 2 Weichholzleisten (Stützen)
Maße: 375 mm x 30 mm x 12 mm
(gebohrt, 6–7 mm)

G 1 Mineralwolldämmplatte
Maße: 750 mm x 500 mm x 20 mm

H 4 Scharniere (mit Schrauben, Eisen verzinkt)
Maße: 25 mm x 38 mm

I 8 Spax-Schrauben (4/40)

J 2 Einschlagmuttern
(für Gewindeschrauben M6)

K 2 Flügelmuttern
(verzinkt, mit Gewindestück, 6 x 30)

L 1 Glasscheibe
Maße: 729 mm x 477 mm x 3 mm

M 4 Absorberstreifen
Maße: 600 mm x 115 mm

N 1 Aquariumspumpe (erhältlich im Zoofachhandel)

O 1 Gefrier- oder Frischhaltebox
(als Warmwasserbehälter)
Maße: (ca. 140 mm, Höhe ca. 120 mm

P 1 Gefrier- oder Frischhaltebox
(als Ausdehnungsgefäß)
Maße: (ca. 90 mm, Höhe ca. 90 mm

Q 1 Hartfaserplatte (als Sockelplatte für Pumpe und Ausdehnungsgefäß)
Maße: 170 mm x 110 mm x 6 mm

R 8 Lötbogen (CU 10 mm)

S 2 Reduziermuffen (CU 10/6 mm)

T 1 Kupferrohr (ca. 3,5 m, CU 10 mm)

U 1 Kupferrohr (ca. 2 m, CU 6 mm)

V 1 Kunststoffschlauch (ca. 1,5 m, 9/12 mm)

© Verlag an der Ruhr | Postfach 102251 | 45422 Mülheim an der Ruhr | www.verlagruhr.de | ISBN 978-3-8346-0292-3

Bauanleitung für einen Sonnenkollektor

Abb.1

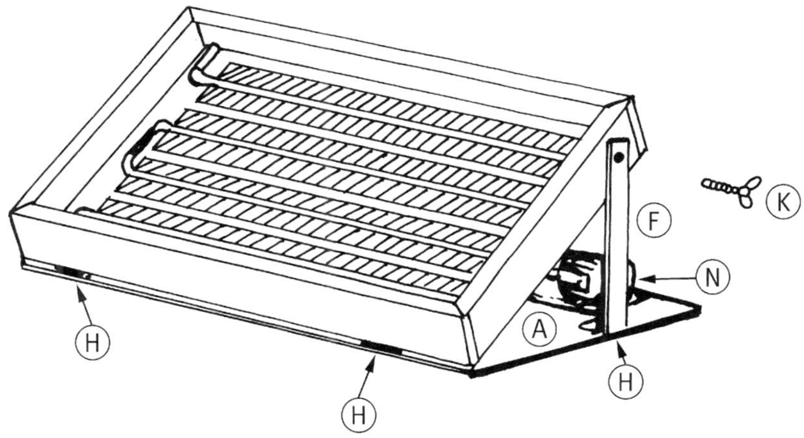

Abb.2

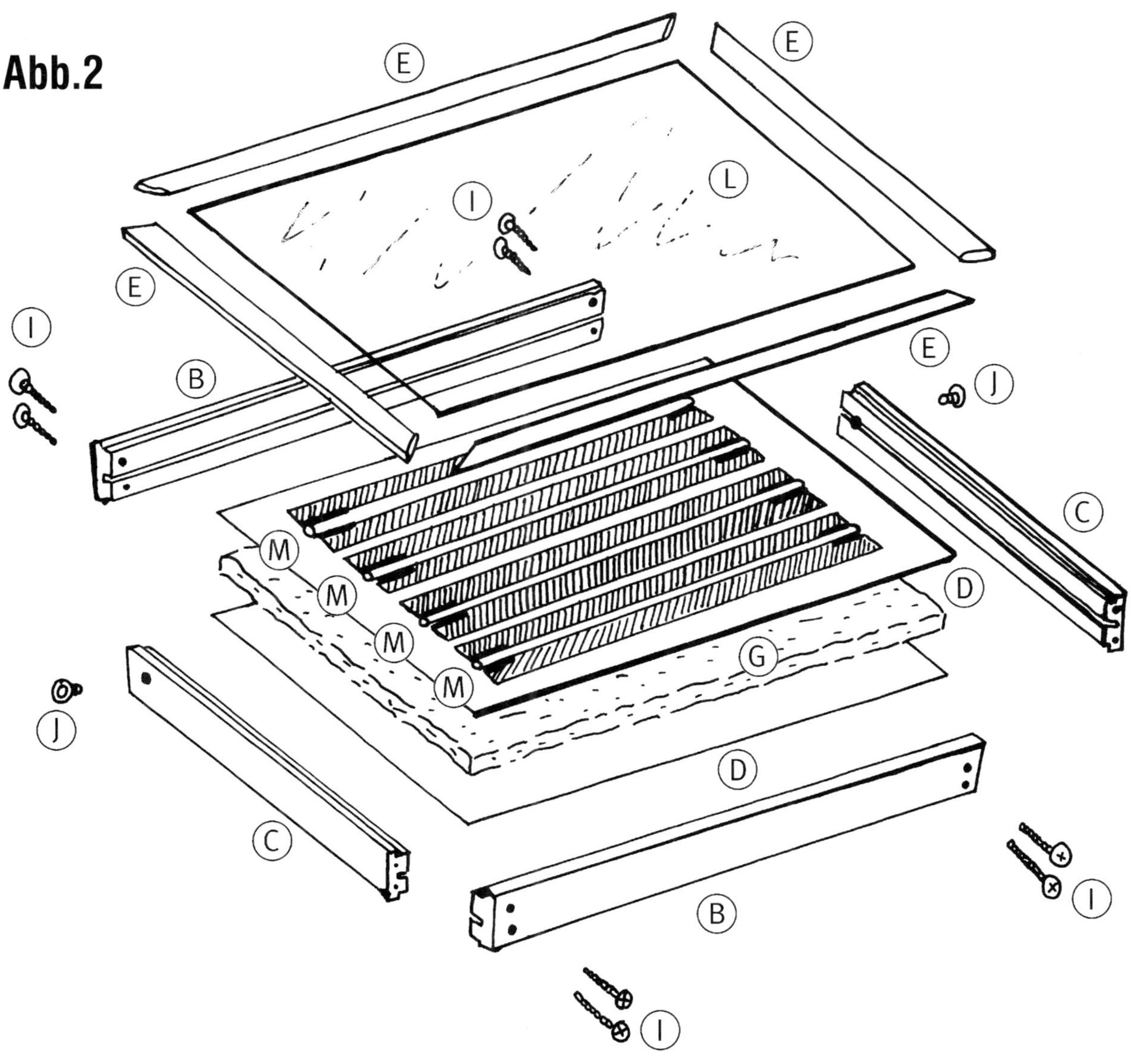

© Verlag an der Ruhr | Postfach 102251 | 45422 Mülheim an der Ruhr | www.verlagruhr.de | ISBN 978-3-8346-0292-3

13 Bauanleitung für einen Sonnenkollektor

Wasserkreislauf im Sonnenkollektor

Besprecht gemeinsam, wie die Strahlung der Sonne von eurem Sonnenkollektor in Wärmeenergie umgewandelt wird, sodass die Temperatur des Wassers, das ihr in den Kreislauf des Kollektors einspeist, steigt.

Abb.3

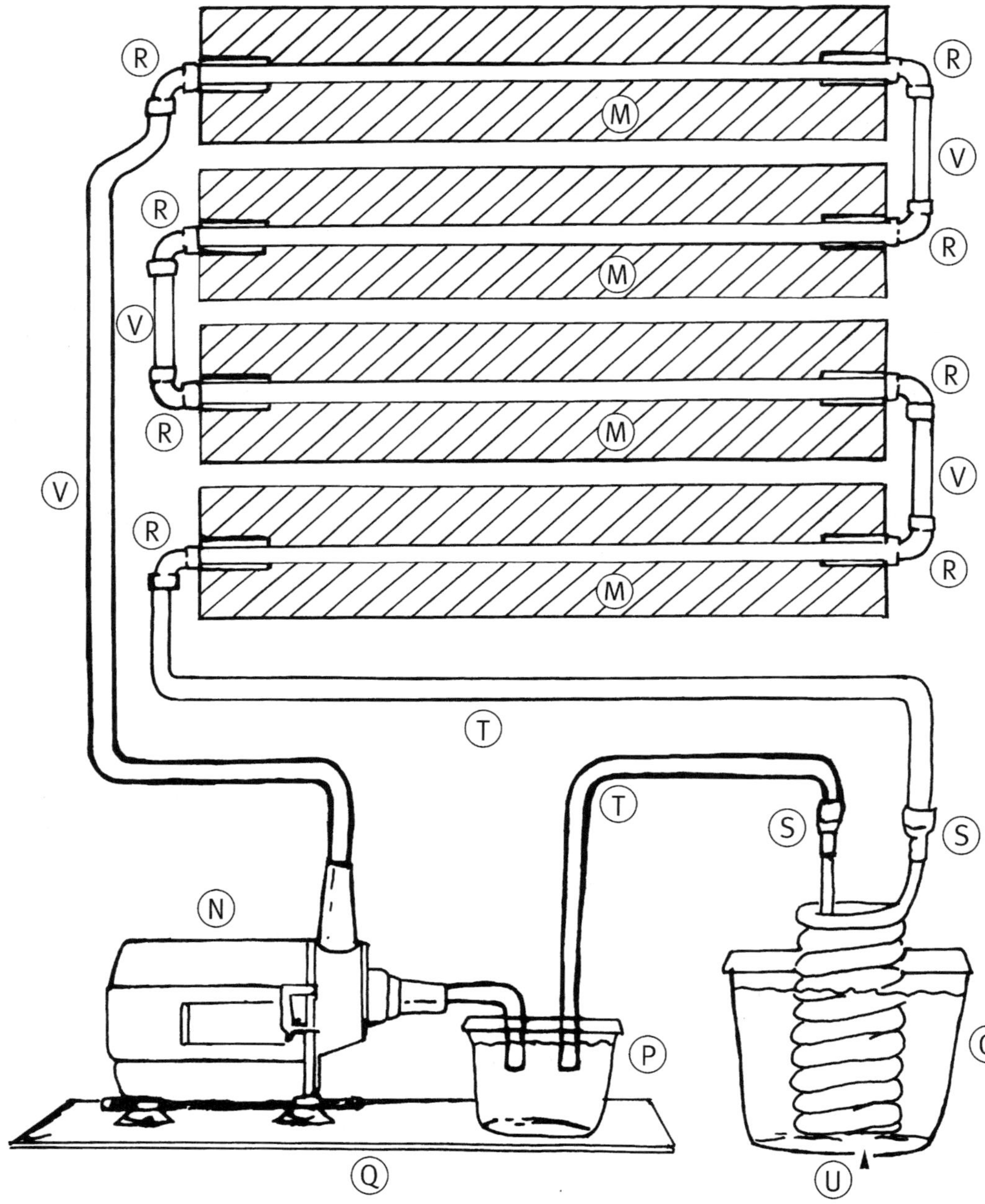

Informationen aus:
Mang, Peter: Unterrichtsprojekt Solarkollektor-Anlage.
VSE AG, Aus- und Fortbildungszentrum
Kurt-Kesslerstraße
66806 Ensdorf/Saar

© Verlag an der Ruhr | Postfach 102251 | 45422 Mülheim an der Ruhr | www.verlagruhr.de | ISBN 978-3-8346-0292-3

Unbekannte Energiequellen

Von clever bis kurios

Not macht erfinderisch. In Zeiten knapper werdender Energie sieht sich deshalb ein ganzes Heer von Daniel Düsentriebs zu kreativen Höhenflügen berufen. Ihnen ist keine Idee zu schrill, keine Option zu kühn und kein Verfahren zu aufwändig. Und manchen Beobachter beschleichen ernste Zweifel, ob es sich beim Aufspüren neuer Energiequellen wirklich um eine zukunftsweisende Vision oder doch eher um ein Hirngespinst handelt. Aber auch die Nutzung der Erdwärme, die Einrichtung eines Gezeitenkraftwerks oder die Energiegewinnung aus Schilfgras mögen einmal als Hirngespinste belächelt worden sein. Ein Blick in die Werkstätten der Energie-Tüftler zeigt, dass deren Visionen noch viel weiter reichen:

Immer öfter wird das Sumpf- oder Faulgas Methan (Methylwasserstoff) als Energiequelle genutzt. Kühe produzieren es in solchen Mengen, dass sie es nicht im Körper abbauen können, sondern sich des Gases vor allem durch Rülpsen entledigen. Dies hat u.a. den Treibhauseffekt mitbewirkt. Immer mehr Bauern produzieren hierzulande gezielt das Biogas, indem sie Mist, Gülle, Klärschlamm und anderen organischen Abfall in Gärbehältern sammeln. Das entstehende Methangas wird über einen Motor, der einen Generator antreibt, in Elektrizität umgewandelt, den sie in das Stromnetz einspeisen. Mittlerweile gibt es sogar Überlegungen, neue Rassen zu züchten, die weniger Methan produzieren.

Informationen aus:
http://taz.de/blogs/hausmeisterblog/2006/07/14/rauschgifte-im-protestantischen-milieu/

Schweden will sich vor allem mittels Bio-Ethanol vom Öl unabhängig machen. Ganze Wälder, komplette Weizen-, Mais- und Zuckerrohr-Ernten (aus Brasilien) sowie schnell wachsende Weidenbäume werden verflüssigt, d.h. zu Ethanol verarbeitet. Ethanol kann man mit Benzin vermischen, sodass Autos mit dem Gemisch fahren können.

Informationen aus:
http://taz.de/blogs/hausmeisterblog/2006/07/14/rauschgifte-im-protestantischen-milieu/

© Verlag an der Ruhr | Postfach 102251 | 45422 Mülheim an der Ruhr | www.verlagruhr.de | ISBN 978-3-8346-0292-3

14

Alternativen zur Energieversorgung

Ein Ideen-Workshop

Mit Geld allein sind die großen Zukunftsaufgaben nicht zu meistern. Eine der wichtigsten Ressourcen ist dabei die menschliche Kreativität. Schon junge Menschen müssen deshalb lernen, eigene Ideen zu entwickeln und spontane Einfälle in zukunftsweisende Handlungskonzepte zu überführen. Mit der Methode des Ideen-Workshops werden sie dazu angeleitet, sich der Zukunft konstruktiv und kreativ zu nähern. Dabei kann es darum gehen, mit welchen Vekehrsmitteln die Menschen in 100 Jahren unterwegs sein werden, welche Kommunikationsmittel das gute, alte Buch ablösen werden und wie man sich die Schule der Zukunft vorzustellen hat. In jedem Fall denken die Jugendlichen über den Horizont des derzeit Machbaren hinaus.

Ein Ideen-Workshop lässt sich schon mit Kindern ab 10 Jahren durchführen. Oft gehen diese Kinder sogar unbefangener an einen Sachverhalt heran als z.B. ältere Jugendliche. Für alle Altersklassen aber gilt, dass ein solcher Workshop moderiert sein muss. Es reicht eben nicht, die Jugendlichen zu einem visionären Blick in die technische oder soziale Zukunft aufzufordern. Sie müssen zu solchen Zukunftsentwürfen schrittweise hingeführt werden.

1. Wenn es um Alternativen zur derzeitigen Energieversorgung geht, sollten die Jugendlichen in einem ersten Schritt nach bislang unerschlossenen Energiequellen Ausschau halten. Dabei bietet es sich an, zwischen den Kategorien „Licht“, „Wärme“ und „Bewegung“ zu unterscheiden und nach entsprechenden Anregungen aus Natur und Alltag zu fragen.
2. In einem zweiten Schritt können sie dann Ideen für eine technische Umsetzung dieser Vorgänge entwickeln. Dabei werden sie bald solche Erfindungen wie den „Heiligen-Schein-Werfer“, den „Fan-Abwärme-Generator“ oder den „Bierfest-Schunkel-Antrieb“ kreieren.

Solche Einfälle sollen Spaß machen. Deshalb ist es selbstverständlich, dass zum Abschluss jede Gruppe ihre Ergebnisse vorstellt. Noch besser wäre ein Wettbewerb, bei dem sowohl die witzigste Idee wie auch der technisch überzeugendste Vorschlag prämiert werden. Denkbar wäre schließlich auch eine Börse, bei der alle Kreativ-Gruppen ihre Geistesblitze mit einem eigenen Stand vorstellen.

Kreativität beflügelt nicht nur unsere Vorstellung, sie macht auch ganz einfach Spaß. Am größten aber ist für die Jugendlichen die Überraschung, wenn es das, was sie da in einem gemeinsamen Brainstorming ausgebrütet haben, längst schon gibt. Dass Schüler ihr Klassenzimmer mit dem eigenen „Mief“ beheizen – ein solches Beispiel beweist, dass die Wirklichkeit oft jeder Fantasie überlegen ist.

Zu Beginn des Ideen-Workshops teilen dich die Jugendlichen in Gruppen auf. Jeder Gruppe sollten drei Jugendliche angehören. In einem ersten Arbeitsgang sollen die Jugendlichen eine Liste bislang unerschlossener Energiequellen zusammentragen. Dabei gehen sie arbeitsteilig vor. In einem zweiten Arbeitsschritt überlegen sich die Jugendlichen Verfahren, mit denen sie die neu erdachten Energiequellen technisch nutzbar machen könnten. Dafür müssen ihnen aber Aufbau und Funktionsweise eines Generators, einer Turbine, eines Dynamos etc. bekannt sein.

© Verlag an der Ruhr | Postfach 102251 | 45422 Mülheim an der Ruhr | www.verlagruhr.de | ISBN 978-3-8346-0292-3

Alternativen zur Energieversorgung

1. Energie kommt nicht nur aus der Steckdose. Überlegt euch, wo in der Natur und im Alltag Licht, Wärme und Bewegung vorkommen, ohne dass Strom verbraucht wird. Eure Aufgabe ist es, möglichst viele solcher Erscheinungen zusammenzutragen. Jeweils ein Mitglied eurer Gruppe ist dabei für einen Bereich zuständig. Notiert in den beiliegenden Listen zu möglichst vielen Anfangsbuchstaben entsprechende Beobachtungen. So könnte euch z.B. einfallen, dass sich Hamster gerne in Laufrädern bewegen. Unter der Rubrik „Wo Bewegung vorkommt“ könntet ihr also unter „H“ den „Hamster“ eintragen. Unter „Wo Licht vorkommt“ könnten euch die Glühwürmchen einfallen, die an Sommerabenden hier und da blinken. Über die technischen Möglichkeiten, solche Energieformen gezielt nutzbar zu machen, braucht ihr euch dabei nicht den Kopf zu zerbrechen.

Und: Kein Einfall ist zu abwegig, um von euch festgehalten zu werden!

Für diesen Durchgang habt ihr 12 Minuten Zeit.

Wo Licht vorkommt:	*Wo Wärme vorkommt:*	*Wo Bewegung vorkommt:*
A ______	A ______	A ______
B ______	B ______	B ______
C ______	C ______	C ______
D ______	D ______	D ______
E ______	E ______	E ______
F ______	F ______	F ______
G ______	G ______	G ______
H ______	H ______	H ______
I ______	I ______	I ______
J ______	J ______	J ______
K ______	K ______	K ______
L ______	L ______	L ______
M ______	M ______	M ______
N ______	N ______	N ______
O ______	O ______	O ______
P ______	P ______	P ______
R ______	R ______	R ______
S ______	S ______	S ______
T ______	T ______	T ______
U ______	U ______	U ______
V ______	V ______	V ______
W ______	W ______	W ______
Z ______	Z ______	Z ______

© Verlag an der Ruhr | Postfach 102251 | 45422 Mülheim an der Ruhr | www.verlagruhr.de | ISBN 978-3-8346-0292-3

14 Alternativen zur Energieversorgung

2. Gebt nun euren Katalog der guten Ideen an euren Nebenmann weiter. Der hat dann 6 Minuten Zeit, um die noch freien Anfangsbuchstaben mit eigenen Einfällen zu ergänzen. Nach dieser Zeit gehen die Listen an den nächsten Nebenmann weiter. Dem bleiben 3 Minuten, um die letzten Lücken aufzufüllen.
Inzwischen dürftet ihr bereits eine Fülle von Beispielen zusammengetragen haben.

3. In einem nächsten Arbeitsschritt kommt es jetzt darauf an, die besten Beispiele auszuwählen und Verfahren für ihre technische Umsetzung zu entwickeln. Dafür müsst ihr euch zunächst noch einmal die Funktionsweise in Erinnerung rufen von: **einer Batterie, einem Boiler, einem Dynamo, einem Generator, einer Heizung, einer Kühlung, einer Lampe, einem Motor, einem Ofen, einer Pumpe, einem Rad, einer Turbine.**

4. Überlasst nun die von euch ausgefüllten Listen der nächsten Gruppe. Jede Gruppe sucht sich aus diesen Listen drei Vorschläge aus, die ihr besonders zusagen.

5. Jetzt geht es darum, dass ihr in eurer Gruppe Ideen für die technische Nutzung der verschiedenen Energiequellen entwickelt. So könnte aus der Beobachtung, dass sich ein Hamster mit großer Ausdauer in seinem Laufrad bewegt, der Plan eines „Hamster-Generators“ entstehen.
Ihr habt dafür 30 Minuten Zeit.

6. Anschließend entsendet ihr einen Vertreter eurer Gruppe in die Nachbargruppe. Er wird hier eure drei Vorschläge vorstellen und auf Fragen aus der Gruppe antworten.

7. Nun beauftragt euch diese Gruppe, einen von den drei vorgelegten Entwürfen genauer auszuarbeiten. Innerhalb von 30 Minuten müsst ihr jetzt einen detaillierten Konstruktionsplan für diesen Vorschlag ausarbeiten. So könntet ihr euch z.B. überlegen, wie ein Laufrad für Hunderte von Hamstern konstruiert sein müsste oder wie zu gewährleisten ist, dass die Laufbewegungen der Hamster synchron erfolgen. Wenn ihr euch für eine bestimmte Konstruktion entschieden habt, zeichnet ihr euren Plan für die Präsentation am Overheadprojektor auf Folie.

8. Abschließend stellen Vertreter aus allen Gruppen ihre Vorschläge für alle vor und erläutern sie anhand der Konstruktionsskizzen. Dabei könnt ihr auch darüber abstimmen, welche Idee den meisten Anklang findet. Hier hätte der Vorschlag eines „Hamster-Generators“ bestimmt gute Chancen.

Alternative Energiequellen		Technische Nutzung
Beispiel: **Hamster**	→	**Generator**
____________		____________
____________		____________
____________		____________
____________		____________
____________		____________
		____________

© Verlag an der Ruhr | Postfach 102251 | 45422 Mülheim an der Ruhr | www.verlagruhr.de | ISBN 978-3-8346-0292-3

Strom kann sogar mit Hilfe eines Apfels erzeugt werden.

Dazu werden zwei Metallstäbe aus unterschiedlichem Material (z.B. ein Stück Kupferdraht und ein unverzinkter Eisennagel) tief in einen Apfel gesteckt und mittels Klemmen mit einem leitfähigen Draht verbunden. Dazwischen schaltet man das Radio.

Die Stäbe bilden den Plus- und den Minuspol. Werden beide miteinander verbunden und ein Stromabnehmer (Radio) dazwischengeschaltet, so fließt Strom in dem entstandenen Stromkreis.

Wenn ein Messgerät zugeschaltet wird, kann man die Stromproduktion am Ausschlag messen.

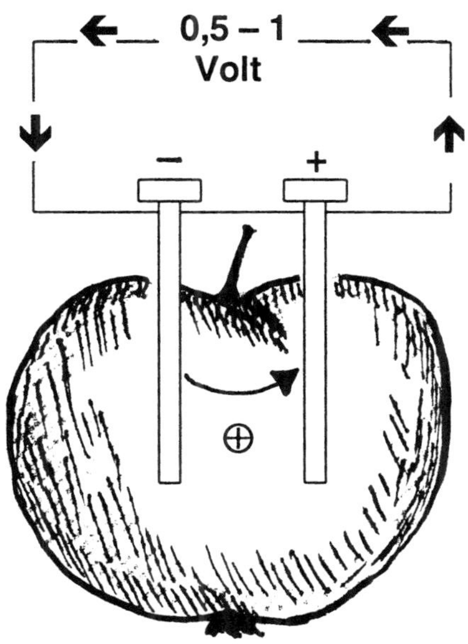

Informationen aus:
www.radiomuseum.org/forum/apfelradio_zum_basteln.html

Wie funktioniert das?

Strom fließt dann, wenn es einen Ladungsunterschied zwischen zwei metallischen Polen gibt. In Metallen sind negativ geladene Teilchen, die sogenannten Elektronen, Träger des elektrischen Stroms. Beim Apfelradio fließen Elektronen vom Eisennagel zum Kupferelement. Denn das Eisen ist gegenüber dem Kupfer das unedlere Metall und ist daher eher als das Kupfer bestrebt, Elektronen an die Apfelsäure abzugeben. Bei der Elektronenabgabe wird das metallische Eisen oxidiert, und es gehen positiv geladene Eisenionen (Fe^{2+}) in Lösung. Durch den Elektronenüberschuss am Eisennagel wird dieser zum negativen Pol, während das Kupferelement der positive Pol ist. Durch diese Spannung entsteht elektrischer Strom, und es wandern zum Ladungsausgleich Elektronen zum Kupferblech. Der Eisennagel liefert immer wieder Nachschub an Elektronen, sodass weiterhin Strom fließen kann, bis der Eisennagel von der Apfelsäure völlig zerfressen ist. Dann muss der Versuchsaufbau erneuert werden.

Achtung! Der Apfel kann nicht mehr verspeist werden.

© Verlag an der Ruhr | Postfach 102251 | 45422 Mülheim an der Ruhr | www.verlagruhr.de | ISBN 978-3-8346-0292-3

15 Energiefallen in öffentlichen Gebäuden

Ein energetisches Bermudadreieck

Energie macht das Leben leichter. Das gilt für den privaten Haushalt ebenso wie für öffentliche Gebäude. Ein sparsamer Umgang mit Energie bedeutet deshalb auch keinen Verzicht auf Bequemlichkeit und Komfort. Das Energiesparen hat schließlich nicht da zu beginnen, wo Energie genutzt, sondern da, wo sie vergeudet wird. Jugendeinrichtungen und Schulhäuser bieten dafür einen idealen Beobachtungs- und Erfahrungsraum. Die meisten Pädagogen und Jugendlichen sind mit den Ecken und Nischen der Jugendeinrichtung oder des Schulgebäudes nicht sonderlich vertraut. Sie waren nie auf dem Dachboden und kennen sich im Kellergeschoss nur ganz oberflächlich aus. Eine Exkursion durch das Gebäude kann für sie deshalb zu einer wirklichen Entdeckungsreise werden.

So manches Gebäude gilt als ein energetisches Bermudadreieck: Wo hier Energie verloren geht, das lässt sich jeweils nur erahnen. Außerdem fühlen sich die meisten Jugendlichen für ein öffentliches Gebäude nicht in gleicher Weise verantwortlich wie für den Haushalt ihrer Eltern. Sind sie zu Hause darauf bedacht, dass die Fenster nicht gekippt sind und die Hi-Fi-Anlage nicht auf „Stand-by" geschaltet ist, so sind ihnen die Energiesünden in öffentlichen Gebäuden relativ gleichgültig. Viele sprechen zwar durchaus respektvoll von „ihrer Schule" oder ihrem „Jugendheim" – eine Fürsorge für das dazugehörige Gebäude ist für sie damit aber nicht verbunden.

Diese Fürsorge hätte mit einer Analyse der über das ganze Gebäude verteilten Energiefallen zu beginnen. Solche Energiefallen sind dort nachzuweisen:

- wo Energie nicht genutzt wird. Da werden Räume, in denen sich nur in Ausnahmefällen Personen aufhalten, das ganze Jahr über beheizt. Da laufen zwei Kühlschränke nebeneinander auf vollen Touren und sind doch kaum gefüllt.
- wo der Einsatz von Energie nicht flexibel geregelt werden kann. Ein gutes Beispiel dafür ist die Heizung. In vielen öffentlichen Gebäuden können die Heizkörper in den einzelnen Räumen nicht dem jeweiligen Temperaturbedarf angepasst werden. Weiterhin gibt es da die Lichtbänder in großen Räumen, die oft nicht getrennt geschaltet werden können.
- wo Anlagen und Geräte nicht gewartet werden. So kostet es wertvolle Energie, wenn ein Warmwasserboiler nicht entkalkt wird und wenn die Reflektoren an den Leuchtstoffröhren in den Räumen nicht regelmäßig gereinigt werden.
- wo auf Wärmedämmung und einfache technische Energiesparhilfen verzichtet wird. Das gilt für die Abdichtung von Fenstern und Türen ebenso wie für den Einbau von Zeitschaltuhren bei elektrischen Geräten oder für die Verwendung von Zwei-Hebel-Armaturen in der Turnhalle.

Die Energiefallen in öffentlichen Gebäuden fallen einem deshalb auch nicht sofort ins Auge. Sie lassen sich erst bei genauerem Hinsehen oder durch die Befragung von Hausmeister und Schornsteinfeger ermitteln. Energie ist eben eine komplexe Sache.

So wichtig wie ein Wandertag

Eine Exkursion durch Gebäude führt die Jugendlichen zu den offenen und versteckten Energiefallen. Diese Unternehmung wird die baulichen und technischen Schwachstellen nicht beseitigen. Aber sie wird den Blick der Jugendlichen schärfen und sie für die komplexen Herausforderungen des Energiesparens sensibilisieren.

© Verlag an der Ruhr | Postfach 102251 | 45422 Mülheim an der Ruhr | www.verlagruhr.de | ISBN 978-3-8346-0292-3

Checkliste für einen Energierundgang

1. Das Gebäude

		Bemerkungen
Gibt es einen Windfang im Eingangsbereich?	ja/nein	______________
Sind die Türen abgedichtet?	ja/nein	______________
Ist die Temperatur in den Fluren niedriger als in den Räumen?	ja/nein	______________
Sind die Flure durch Türen vom Treppenhaus abgetrennt?	ja/nein	______________
Schließen die Fenster in den Fluren gut, und sind sie dicht?	ja/nein	______________
Sind die Fenster mehrfach verglast?	ja/nein	______________

2. Die Räume

Befinden sich die Heizkörper in Nischen?	ja/nein	______________
Sind die Heizkörper verkleidet oder mit Möbeln zugestellt?	ja/nein	______________
Sind die Heizkörper hinter Vorhängen versteckt?	ja/nein	______________
Werden die Spiegel an den Leuchtstoffröhren regelmäßig gereinigt?	ja/nein	______________
Gibt es regulierbare Thermostatventile?	ja/nein	______________
Sind die Fenster mehrfach verglast?	ja/nein	______________
Schließen die Fenster gut, und sind sie dicht?	ja/nein	______________
Befinden sich die Fenster in Kippstellung?	ja/nein	______________
Ist die Raumtemperatur angenehm?	ja/nein	______________
Mit welchen Lampen wird der Raum beleuchtet?		______________
Wie hoch ist der Anteil an Energiesparlampen?		______________
Sind Leuchten bzw. Reflektoren verschmutzt?	ja/nein	______________
Lässt sich die Beleuchtung auf der Tür- und der Fensterseite getrennt einschalten?	ja/nein	______________
Ist die Beleuchtung im Raum ausreichend?	ja/nein	______________

© Verlag an der Ruhr | Postfach 102251 | 45422 Mülheim an der Ruhr | www.verlagruhr.de | ISBN 978-3-8346-0292-3

15 Checkliste für einen Energierundgang

3. Die Heizung

		Bemerkungen
Wird die Heizung in nicht benötigten Räumen abgeschaltet?	ja/nein	____________
Um wie viel wird die Temperatur während der Schließungszeit abgesenkt?		____________
Wie alt ist der Heizkessel, und was leistet er?		____________
Sind die Heizungsrohre angemessen isoliert?	ja/nein	____________
Richtet sich die Vorlauftemperatur nach der Außentemperatur?	ja/nein	____________
Ist die Wohnung des Hausmeisters getrennt zu beheizen?	ja/nein	____________

4. Die Warmwasserversorgung

Sind die Leitungen angemessen isoliert?	ja/nein	____________
Schalten sich die Wasserhähne selbsttätig ab?	ja/nein	____________
Findet eine regelmäßige Entkalkung statt?	ja/nein	____________
Auf welcher Stufe steht der Durchlauferhitzer?		____________
Sind die Armaturen dicht?	ja/nein	____________
Gibt es eine Zeitschaltuhr?	ja/nein	____________

5. Die Elektrogeräte

Werden alle Geräte auch wirklich genutzt?	ja/nein	____________
Sind einzelne Geräte auf Stand-by-Betrieb gestellt?	ja/nein	____________
Werden die Geräte regelmäßig gewartet?	ja/nein	____________

© Verlag an der Ruhr | Postfach 102251 | 45422 Mülheim an der Ruhr | www.verlagruhr.de | ISBN 978-3-8346-0292-3

Messprotokoll Raumtemperatur:

Raum	Raum-nutzung	Datum	Uhrzeit	Temperatur in °C		Wer hat gemessen?	Bemerkungen (*)
				Ist	Soll		

Richtig messen – leicht gemacht:

- immer das gleiche Thermometer benutzen
- in der Raummitte in Tischhöhe messen
- bei geschlossenen Fenstern und Türen messen
- Thermometer während der Messung nicht in die direkte Sonne halten
- regelmäßige Zeitpunkte, z.B. wenn das Gebäude geöffnet wird
- Daten in das Messprotokoll eintragen und später auswerten

(*) Bemerkungen: Hier kann mit Kürzeln gearbeitet werden. Z.B. zu warm (zw), zu kalt (zk), starke Sonneneinstrahlung (sS), Fenster über Nacht geöffnet (FN)

© Verlag an der Ruhr | Postfach 102251 | 45422 Mülheim an der Ruhr | www.verlagruhr.de | ISBN 978-3-8346-0292-3

15 Thermostatventile

Funktionsweise:

Thermostatventile an den Heizkörpern regeln durch einen Messfühler individuell für jeden einzelnen Raum die vorgegebene Raumtemperatur. Sie unterbrechen die Wärmezufuhr bzw. schränken sie ein, wenn der Wärmebedarf, z.B. durch Sonneneinstrahlung oder durch innere Wärmequellen (Personen, Geräte) verringert wird.

Thermostatventile funktionieren nur richtig, wenn sie nicht durch Möbel oder Vorhänge verdeckt sind. Sonst registriert der Temperaturfühler im Thermostatkopf eine falsche Temperatur (Temperaturstau).

Thermostatventile sind häufig zu hoch eingestellt.

Folge: Die Raumtemperatur ist zu hoch, was mit einem unnötigen Heizenergieverbrauch gekoppelt ist.

Da es **unterschiedliche Modelle** von Thermostatventilen gibt, sollte man sich zunächst erkundigen, welche Temperatur für welche Stufe gilt.

Richtige Einstellung:

- Durch Thermostatventile geregelte Raumtemperaturen sollen auf jeden Fall den Richtwerten entsprechen (Schutz vor Schnupfen).
- Die Thermostatventile sind bei einer Skala von 1–5 auf maximal 3 einzustellen, auch wenn der Raum noch aufgeheizt werden muss.
- Während der Schließungszeiten sollten die Thermostatventile auf 2 gestellt werden.

Mit Vollpower wird's auch nicht schneller warm!

Die alten Heizungsregler (warm/kalt) bestimmen die Durchflussmenge warmen Wassers durch den Heizkörper und müssen ständig manuell geregelt werden.

Thermostatventile hingegen sind technisch viel ausgereifter und effektiver. Sie stellen die Raumtemperatur direkt ein:

- Sinkt die Raumtemperatur, öffnet sich das Ventil (Energiezufuhr).
- Steigt die Raumtemperatur, schließt sich das Ventil (keine Energiezufuhr).

Luft erwärmt sich immer gleich schnell!

© Verlag an der Ruhr | Postfach 102251 | 45422 Mülheim an der Ruhr | www.verlagruhr.de | ISBN 978-3-8346-0292-3

Stromfraß fressen

Zunächst sollen die Daten des Stromverbrauchs festgehalten werden. Diese Daten können von den Energieversorgungsunternehmen angefordert werden, teilweise aber auch durch regelmäßiges Ablesen der Zählerstände ermittelt werden. Sie bilden eine Arbeitsgrundlage bezüglich des Stromverbrauchs und dienen als Vergleichsdaten. Nach der Heizperiode kann direkt festgestellt werden, wie viel Strom eingespart wurde.

Tipp:

Nicht nur den elektrischen Energieverbrauch senken, sondern auch die Leistung reduzieren.

Stromrechnung: Abrechnungszeitraum		
Verbrauch		
Arbeit (Tagtarif)		in kWh
Arbeit (Nachttarif)		in kWh
Leistung		in kW
Arbeitspreise		
Tagtarif		in Cent/kWh
Nachttarif		in Cent/kWh
Leistungspreis		in €/kW
Stromkosten		
Tagtarif		in €
Nachttarif		in €
Leistung		in €
Gesamt		in €
CO_2-Ausstoß (*)		in Tonnen

(*) der Verbrauch von 1 kWh elektrischer Energie verursacht 0,6 kg CO_2.

Verbraucher zahlen nicht nur für die verbrauchte elektrische Arbeit (kWh), sondern auch für die abgenommene Leistung (kW). Zu Spitzenlastzeiten (Tageszeiten mit sehr hohem Strombedarf) ist elektrische Energie besonders teuer.

© Verlag an der Ruhr | Postfach 102251 | 45422 Mülheim an der Ruhr | www.verlagruhr.de | ISBN 978-3-8346-0292-3

15 Beleuchtung

Richtig messen – leicht gemacht

Ein großer Teil der elektrischen Energie wird in öffentlichen Gebäuden für Beleuchtungszwecke benötigt.

Durch eine Optimierung der Beleuchtung kann viel Energie eingespart werden. Daher ist es notwendig, die Beleuchtungsstärken zu überprüfen und sie anschließend auch dem Bedarf anzupassen.

Lux ist das Maß für die Beleuchtungsstärke.

Darunter versteht man die Lichtmenge, die auf der zu beleuchtenden Fläche ankommt. Die Beleuchtungsstärke wird mit einem Luxmeter gemessen.

Richtwerte Beleuchtung [Lux]
(in Anlehnung an die DIN 5032)

500 Lux:	Räume (vorwiegend Abendnutzung) Büroräume
300 Lux:	Arbeitsplätze in Fensternähe Mehrzweckräume
200 Lux:	Sanitärräume Turn- und Sporthallen Mensen
100 Lux:	Flure und Treppen Umkleideräume Dusch- und Waschräume Toiletten Aulen und Festräume Ausstellungsräume Eingangshallen

Die Richtwerte für die Beleuchtungsstärke zeigen an, wie stark einzelne Räume in öffentlichen Gebäuden beleuchtet sein sollen.
Die aktuelle Beleuchtungssituation weicht häufig von diesen Werten ab.

Tipp:

Optimierung der Beleuchtungsstärken

- Messen der Beleuchtungsstärken (Arbeitshilfe: nächste Seite)
- Entwicklung von Maßnahmen auf Grund der aktuellen Beleuchtungssituation und deren Durchführung

© Verlag an der Ruhr | Postfach 102251 | 45422 Mülheim an der Ruhr | www.verlagruhr.de | ISBN 978-3-8346-0292-3

Messplan Raumbeleuchtung

Raum Nr.	Nutzung	Lampen: Art und Anzahl	Leistung gesamt in [W]

m	1	2	3	4	5	6	7	8	9	10	11	12	13	14	15
1															
2															
3															
4															
5															
6															
7															
8															
9															
10															
11															
12															
13															
14															
15															

	Ist (Mittelwert)	Soll (Richtwert)
Beleuchtungsstärke Lux		

Die Messwerte werden unter Angabe der Messpunkte in einer Lageskizze erfasst.

1. Der Raum wird ausgemessen und die Umrisse in den Lageplan eingetragen.
2. Legt dann die Messpunkte fest:
   a) in Leuchtennähe und
   b) in einiger Entfernung der Leuchten
3. Gemessen wird bei Dunkelheit (→ 10 Lux)
4. Es werden Messungen in Tischhöhe vorgenommen (bei 85 cm) und in den Fluren bei 20 cm Höhe.
5. Tragt die Messwerte in den Messplan ein.
6. Vergleicht den Mittelwert mit dem Richtwert.

© Verlag an der Ruhr | Postfach 102251 | 45422 Mülheim an der Ruhr | www.verlagruhr.de | ISBN 978-3-8346-0292-3

15 Beleuchtung

Tageslicht

In Räumen und Fluren sollte die Beleuchtungssituation auch bei Tageslicht untersucht werden.
Häufig sind die Leuchten eingeschaltet, obwohl das Tageslicht ausreichend ist.

Es genügen Messungen in Bereichen, an denen die Wandseite **(W)**, die Mitte **(M)** und die Fenster **(F)** berücksichtigt werden sollen.

Es gilt zu klären, welche Breiche bei welchem Außenlicht zusätzlich künstlich beleuchtet werden müssen. Dabei sind die Witterungsverhältnisse zu beachten, wie z.B. bedeckter Himmel, Sonnenschein, morgens, mittags etc.

Bei zusätzlicher Tageslichtnutzung ist wichtig, dass die Leuchtenreihen getrennt geschaltet werden können.

Beleuchtungsstärken bei Tageslicht

Raum	Nutzung	Datum	Uhrzeit	Witterung	Beleuchtungsstärke (Lux)		
					Wand	**M**itte	**F**enster

© Verlag an der Ruhr | Postfach 102251 | 45422 Mülheim an der Ruhr | www.verlagruhr.de | ISBN 978-3-8346-0292-3

Beleuchtungsverhältnisse optimieren

Durch das Messen der Beleuchtungsstärke bei Dunkelheit können Rückschlüsse auf den Wirkungsgrad der Leuchten gezogen werden. Die Tageslichtintensität zeigt an, ob eine künstliche Beleuchtung zu bestimmten Tageszeiten überflüssig ist.

Die Beleuchtungsstärke ist zu niedrig:

- Vorhandene Lampen durch sogenannte **Rasterlampen** ersetzen.
- Leuchtstoffröhren werden mit Spiegeln oder einer reflektierenden Folie hinterlegt, um eine höhere Lichtausbeute bei gleichem Energiebedarf zu erreichen. Eventuell können Hersteller solcher Lampen dafür gewonnen werden, eine Anzahl davon für Demonstrationszwecke zur Verfügung zu stellen.
- Reinigung von Reflektoren und Leuchtstoffröhren zur Erhöhung der Lichtausbeute.
- Beim Austausch von Lampen darauf achten, dass Energiesparlampen oder Leuchtstoffröhren verwendet werden.

Die Beleuchtungsstärke ist zu hoch:

- Einige Leuchtstoffröhren durch den Hausmeister **entfernen** lassen.
- Die Energieeinsparung ist dann unter Abschätzung der Betriebsstunden zu ermitteln.

Die Beleuchtung dem Bedarf anpassen:

- Bessere Tageslichtnutzung durch **getrenntes Schalten** der Leuchtenreihen. Häufig kann am Fenster das Tageslicht genutzt werden.
- Wenn das Tageslicht ausreicht, **alle Lampen aus!** Ebenso in unbenutzten Räumen.
- Flure und Treppenhäuser über eine **Zeitschaltuhr** nur bei Bedraf beleuchten, wenn sie zahlreich genutzt werden.
- **Unnötiges Licht ausschalten** – besonders in nicht/wenig genutzten Räumen. Das lohnt sich für Energiesparer, auch wenn bei häufigerem An- und Ausschalten die Lebensdauer der Leuchten etwas sinkt.

© Verlag an der Ruhr | Postfach 102251 | 45422 Mülheim an der Ruhr | www.verlagruhr.de | ISBN 978-3-8346-0292-3

15 Gerätenutzung

Häufig sind die so genannten „stillen Verbraucher“ (= elektrische Geräte, die nur einmal eingeschaltet werden und dann ständig unter Strom stehen) Ursache für eine unnötige Energieverschwendung.

Um das Energiesparpotenzial elektrischer Geräte (z.B. Fax, TV, Overheadprojektor, Kühlschrank) herauszufinden, muss der Stromverbrauch eines jeden einzelnen Gerätes ermittelt werden.

Strommessgerät im Energiesparkoffer:
Mit diesem Gerät kann die in Anspruch genommene Leistung und die benötigte elektrische Energie ermittelt werden.

Ermittlung des Verbrauchs elektrischer Geräte:

- Bestandsaufnahme elektrischer Geräte: Leistung und Stromverbrauch, Betriebsdauer

Bewertung der Ergebnisse und Maßnahmenplanung:

- Möglichst viele Elektrogeräte außerhalb der **Spitzenlastzeit** betreiben; den Belegungsplan für die entsprechenden Räume so ändern, dass die dort vorhandenen, besonders verbrauchsintensiven Geräte nur außerhalb der Spitzenlastzeit betrieben werden.
- Den Einsatz von Elektrogeräten auf den ganzen Tag gleichmäßig verteilen.
- **Dauerbetrieb** vermeiden!
- **Unnötige Geräte** ausschalten (z.B. ergeben zwei halb leere Kühlschränke einen vollen)!
- Kostengünstigen **Nachttarif** nutzen (z.B. Brennöfen mit Zeitschaltuhr starten).
- Kopiergeräte, Computer, Video- und Fernsehgeräte in **Nutzungspausen** und während der Schließungszeit ganz ausschalten!
- Bei Overheadprojektoren die untere Beleuchtungsstufe nutzen!
- **Elektrische Warmwasserspeicher** nur bei Bedarf einschalten oder über Zeitschaltuhren steuern; die Temperatur nicht über 45° C einstellen!
- **Kaffeeküche:** Kaffee und Tee nicht auf der Kaffeemaschine, sondern in Thermoskannen warm halten!

Messblatt Gerätenutzung

Gerät	Raum	gemessene Leistung (kW)	Energieverbrauch (kWh)	Betriebsdauer (h)	Datum	Uhrzeit

© Verlag an der Ruhr | Postfach 102251 | 45422 Mülheim an der Ruhr | www.verlagruhr.de | ISBN 978-3-8346-0292-3

Technische Maßnahmen

Öffentliche Gebäude sind in der Regel mit einer Warmwasserzentralheizung ausgestattet. Als Wärmeerzeuger dienen Heizkessel, die z.B. mit Heizöl oder Erdgas befeuert werden.

Im Gegensatz zu älteren Heizkesseln (Heizwassertemperatur zwischen 70° C und 90° C) sind moderne Niedertemperaturkessel (Heizwassertemperatur zwischen 40° C und 75° C) wesentlich effektiver.

Wie entstehen im Heizungssystem Energieverluste?

Häufige Ursache erhöhter Raumtemperaturen sind zu hohe Vorlauftemperaturen.

Die **Vorlauftemperatur** ist diejenige Temperatur, mit der das aufgeheizte Wasser in die Heizkörper gelangt.
Energieverluste entstehen durch die Temperaturdifferenz zwischen der Wassertemperatur im Heizungsrohr und der Umgebungstemperatur. Diese Verluste können nur durch eine möglichst niedrige Vorlauftemperatur minimiert werden.

Je besser eine Heizungsanlage, d.h. die Heizwassertemperatur, geregelt wird, desto exakter kann die gewünschte Raumtemperatur eingehalten werden. Umso geringer sind deshalb die Wärmeverluste.

Für die Durchführung technischer Maßnahmen ist in erster Linie die städtische Verwaltung verantwortlich. Um Heizenergie einzusparen, können technische Veränderungen an der Heizungsanlage durchgeführt werden.

Prinzip der Heizungsregelung

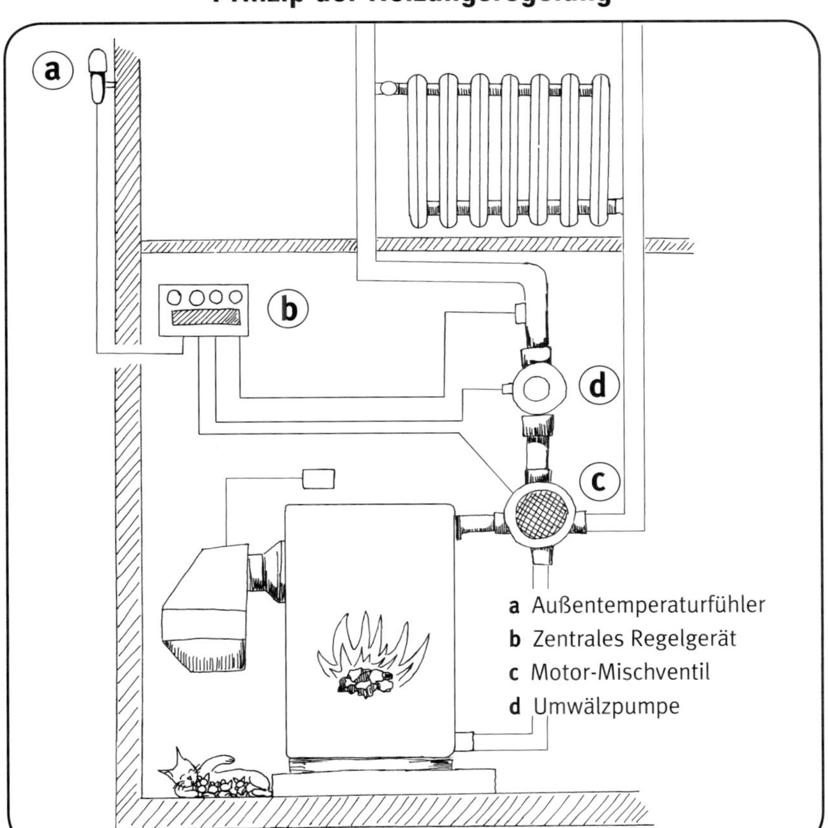

a Außentemperaturfühler
b Zentrales Regelgerät
c Motor-Mischventil
d Umwälzpumpe

Temperatur- und Nachtabsenkung

Vorlauftemperatur möglichst weit absenken

- Das zentrale Regelgerät passt die Heizwassertemperatur an die jeweilige Außentemperatur immer so an, wie für eine ausreichende Beheizung der einzelnen Räume erforderlich ist.
- Die Vorlauftemperatur kann von Heizungsanlage zu Heizungsanlage, von Gebäude zu Gebäude unterschiedlich sein und muss individuell eingestellt werden. Für eine Optimierung der Vorlauftemperatur muss sorgfältig beobachtet werden, ob die Räume immer ausreichend warm sind, andererseits aber auch nicht überheizt werden.

Nachtabsenkung

Auch für die Nachtabsenkung gilt, dass jede Absenkung der Raumtemperatur Energie sparen hilft. Die gewünschte Absenkzeit kann an der Schaltuhr des zentralen Regelgerätes eingestellt werden.

- Die Nachtabsenkung der Heizungsanlage ist auf 15° C einzustellen und den Belegzeiten der Räume anzupassen.
- Die Vorlauftemperatur darf nur so weit abgesenkt werden, dass keine Einfriergefahr für die betriebstechnischen Anlagen besteht und eine zu starke Auskühlung der Gebäude vermieden wird. Die Raumtemperatur sollte nicht unter 10° C fallen.

Temperaturabsenkung

Die Heizungsregler sollten mit einer Zeitschaltuhr ausgestattet sein, damit der Heizkreis mit verringerter Vorlauftemperatur zu betreiben oder abzuschalten ist, vor allem während der Schließungszeiten.

© Verlag an der Ruhr | Postfach 102251 | 45422 Mülheim an der Ruhr | www.verlagruhr.de | ISBN 978-3-8346-0292-3

16 Die Wärmefalle

Der dickste Brocken

In öffentlichen Gebäuden wird, ebenso wie im Privathaushalt, die meiste Energie im wahrsten Sinne des Wortes „verheizt". Im Umgang mit der Heizenergie lässt sich deshalb auch das größte Einsparpotenzial erzielen. Während in einem privaten Haushalt 76% des gesamten Energieverbrauchs für die Heizung aufgewendet werden, sind es z.B. in einer Schule sogar 84%. Man wird also noch so sorgfältig mit den elektrischen Geräten umgehen oder sich besonders sparsame Lampen anschaffen können – ohne eine spürbare Absenkung der Heizenergie bleiben solche Maßnahmen letzlich erfolglos.

Eine gezielte Reduzierung der Heizenergie könnte mit einer Wartung des Heizkessels beginnen. Bereits eine 1 mm dicke Rußschicht erhöht den Brennstoffbedarf um etwa 5%. Deshalb haben sich die Mehrausgaben für Wartungsarbeiten hier schnell bezahlt gemacht. Außerdem lässt sich über niedrigere Vorlauftemperaturen viel Energie sparen. Wird die Vorlauftemperatur von 90°C auf 70°C gesenkt, reduzieren sich die Verteilungsverluste um 20%. Gerade in Altbauten sind Heizkörper auf 90°C ausgelegt und damit meist überdimensioniert. Eine Senkung der Vorlauftemperatur hätte auch den Vorteil, dass die Luftströmung in den Heizkörpern verringert, dass weniger Staub aufgewirbelt und damit das Raumklima insgesamt verbessert würde.

Erhebliche Einsparpotenziale lassen sich auch über eine Senkung der Raumtemperatur erzielen. Hier gilt die Faustregel:

Sinkt die Raumtemperatur um 1 %, lassen sich dadurch 6 % der anfallenden Heizkosten einsparen.

Naturgemäß gehen die Vorstellungen über eine angenehme Raumtemperatur weit auseinander. Aber es gibt doch auch hier Richtwerte, die die Temperatur nicht nur vom subjektiven Befinden abhängig machen. Man geht entsprechend der EN 12837 (vorher DIN 4701) von den folgenden Richtwerten aus:

Büroräume, Sitzungszimmer, Ausstellungsräume, Haupttreppenräume: .... 20° C

Unterrichtsräume allgemein: .... 20° C

Bade- und Duschräume, Bäder, Umkleideräume, Untersuchungszimmer (generell jede Nutzung für den unbekleideten Bereich): .... 24° C

WC-Räume: .... 20° C

Beheizte Nebenräume (Flure, Treppenhäuser) .... 15° C

Unbeheizte Nebenräume (Keller, Treppenhäuser, Abstellräume): .... 10° C

Allerdings werden auch die hier genannten Temperaturwerte nur dann als behaglich empfunden, wenn die Temperatur an den Umschließungsflächen (Wände, Decken und Fenster) nicht mehr als 3°C von der Raumtemperatur abweicht. Zum Wohlfühlen trägt außerdem die Luftfeuchtigkeit bei. Sie sollte zwischen 40% und 60% liegen. Gelangt im Winter zu viel kalte Außenluft in den Wohnraum, so wird die Luft unangenehm trocken. Eine bessere Abdichtung der Fenster und Fugen sowie das Aufstellen von Zimmerpflanzen können die Luftfeuchtigkeit verbessern helfen.

Voraussetzung für eine effektive Kontrolle der Zimmertemperatur ist ein Thermometer in jedem Raum. Außerdem kann der Einsatz von Thermostatventilen bis zu 15% der Heizenergie einsparen. Denn hier kann vor Ort darüber entschieden werden, welche Temperatur jeweils zumutbar erscheint. Ein solches Thermostatventil darf nicht von Möbeln oder Vorhängen verdeckt werden, und sein Temperaturfühler muss auf den ganzen Raum hin ausgerichtet sein. Wird das Zimmer gelüftet, so muss das Ventil zurückgedreht werden, weil sein Regelmechanismus sonst überreagiert. Während der Schließungszeit sollte ähnlich verfahren werden – zumal die meisten Ventile mit einer Frostsicherung ausgestattet sind.

© Verlag an der Ruhr | Postfach 102251 | 45422 Mülheim an der Ruhr | www.verlagruhr.de | ISBN 978-3-8346-0292-3

Preisausschreiben 16

Besser Stoßlüftung statt Kipplüftung

Regelmäßiges Lüften ist notwendig, weil die Raumluft durch die menschliche Atmung sowie durch Ausdünstungen und Gerüche belastet ist. Außerdem bildet sich in einem bewohnten Raum Wasserdampf, durch den es zur Schimmelbildung kommen kann. Grundsätzlich gilt, dass pro Stunde etwa die Hälfte der Raumluft ausgetauscht werden sollte. Man geht allerdings davon aus, dass mindestens 20% der Raumluft durch undichte Fenster und Außentüren entweichen. Oft herrscht das Prinzip der Kipplüftung vor: Das Fenster bleibt an seiner oberen Kante leicht geöffnet. Aber dieses Verfahren erhöht den Verbrauch an Heizenergie und kühlt die Wände aus.

Stattdessen sollte sich jeder an die Stoßlüftung gewöhnen: Hier wird das Fenster für eine kurze Zeit vollständig geöffnet. Die Dauer richtet sich dabei jeweils nach der Jahreszeit:

Dezember/Januar/ Februar	**5 Min.**
März/November	**10 Min.**
April/Mai/Sep./Okt.	**15 Min.**
Juni/Juli/August	**25 Min.**

Zu einem guten Raumklima trägt schließlich auch ein mit Wasser gefüllter Luftbefeuchter bei.

Informationen aus: www.ea-nrw.de/lueftung/

Lauter Gewinner

Dass ein Wasserhahn tropft, das kann man hören und sehen, und dass ein Elektrogerät auf „Stand-by-Betrieb“ geschaltet ist, kann man wenigstens noch sehen. Die Vergeudung von Heizenergie dagegen lässt sich zwar an der Rechnung des Energieversorgers ablesen, der unmittelbaren Wahrnehmung aber ist sie weitgehend entzogen. Deshalb wird man sich ganz besondere Aktionen einfallen lassen müssen, um die Jugendlichen für dieses Thema zu sensibilisieren. Denn die Reduzierung der Heizenergie ist der Dreh- und Angelpunkt jedes Energiesparens. Mit einem Preisausschreiben, an dem sich alle Jugendlichen beteiligen, könnte das gelingen.

Dabei kann man der simplen Einsicht vertrauen, dass jeder Wettbewerb die Motivation der Jugendlichen anregt. Dafür ist ein gut durchdachtes Preisausschreiben gut geeignet. Allerdings wird diese Aktion ihr Ziel nur erreichen, wenn die gestellten Aufgaben für die Jugendlichen lösbar sind und wenn den Gewinnern attraktive Preise winken. Jugendzeitschriften und Jugendsendungen haben das längst erkannt und sind doch immer wieder überrascht, auf welche Resonanz ein solches Preisausschreiben stößt.

Die Attraktivität eines Preisausschreibens entscheidet sich auch danach, wie abwechslungsreich hier die Aufgaben gestellt sind. Deshalb wird man dabei mit sehr unterschiedlichen Frageformen arbeiten müssen. Es bieten sich an:

- **Wissensfragen**
  Hier kann die Antwort aus einem einzigen Begriff bestehen.

- **Schätzfragen**
  Hier müssen sich die Jugendlichen für eine bestimmte Zahl entscheiden.

- **Zuordnungsaufgaben**
  Hier sind Begriffe und Zahlen jeweils in den richtigen Zusammenhang zu bringen.

- **Multiple-Choice-Fragen**
  Hier können die Jugendlichen eine bestimmte Antwort ankreuzen.

- **Ranking-Aufgaben**
  Hier haben die Jugendlichen Verschiedenes in eine Reihenfolge zu bringen.

- **Versuchsaufgaben**
  Hier müssen die Teilnehmer kleinere Experimente durchführen.

Wenn solche Aufgabenformen einander abwechseln, werden sich keine Ermüdungserscheinungen einstellen. Und das Preisausschreiben wird schließlich auch denen etwas bringen, die am Schluss leer ausgegangen sind. Und dieser Trost bleibt allen Teilnehmern: Wenn es auf Dauer gelingt, den Bedarf eines Gebäudes an Heizenergie herunterzufahren – dann haben alle gewonnen.

An dem Preisausschreiben können Jugendliche im Alter von 10–16 Jahren teilnehmen. Sie schließen sich vorab zu kleinen Gruppen von 4–5 Personen zusammen. Zwei Jugendliche ziehen mit ihren Fragen und Antworten los und lassen die anderen zu jeder Aufgabe kurz experimentieren und zu jeder Frage unter den vorgegebenen Antworten eine auswählen. Jede Gruppe kann die Fragen kurz diskutieren und stimmt dann jeweils über die Antworten ab.

© Verlag an der Ruhr | Postfach 102251 | 45422 Mülheim an der Ruhr | www.verlagruhr.de | ISBN 978-3-8346-0292-3

16 Preisausschreiben

Musterbrief

Hallo ihr!

Im Lotto zu gewinnen und dabei am besten noch den Jackpot zu knacken – davon träumt doch jeder. Aber die statistische Chance, über das Lotto zum Millionär zu werden, ist doch zu unwahrscheinlich.

Was also ist vernünftigerweise zu tun? – Ihr könnt entweder eure Lotto-Pläne endgültig begraben, oder aber ihr entschließt euch dazu, euch an unserem Preisausschreiben zu beteiligen.

„Richtig heizen ist cool!"

Denn hier kann jeder mitmachen. Zu gewinnen gibt's ein „warming up"-Set für eurer Zimmer. Mit diesem Teil werdet ihr in den bevorstehenden Wintermonaten bestimmt nicht frieren.

Das Set enthält:

1 Thermostatventil

50 Meter Dichtungsband

1 Luftbefeuchter

1 Zimmerpflanze

und natürlich 1 Thermometer.

Und die statistische Chance, dass eure Gruppe den Gewinn ergattert, liegt immerhin bei 1 : x (x = Anzahl der Gruppen). Ihr braucht dafür nur fünf Minuten Zeit und etwas Grips.

© Verlag an der Ruhr | Postfach 102251 | 45422 Mülheim an der Ruhr | www.verlagruhr.de | ISBN 978-3-8346-0292-3

Preisausschreiben

1.

Eine Schule verbraucht eine Menge Energie. Wie viel davon geht für die Heizung drauf?

Kreuzt an!

a. ca. 24%

b. ca. 48%

c. ca. 64%

d. ca. 84%

2.

Unterschiedliche Materialien sind unterschiedlich gute Wärmeleiter. Und das heißt: Manche transportieren einen großen Teil der Wärme weiter, andere halten die Wärme eher zurück. Sortiert die folgenden Materialien entsprechend ihrer Eignung als Wärmeleiter. Der beste Wärmeleiter steht an erster Stelle, dann folgt der zweitbeste usw.

a. Glas	1. ______________
b. Holz	2. ______________
c. Metall	3. ______________
d. Styropor	4. ______________

3.

Legt auf die Unterkante eines offenen Fensters einen Papierstreifen und schließt dann das Fenster.
Versucht anschließend, den Papierstreifen wieder herauszuziehen.
Was bedeutet es, wenn sich der Papierstreifen ohne große Mühe herausziehen lässt?

____
____
____
____
____
____
____
____
____
____
____
____

4.

Die unterschiedlichen Räume unserer Einrichtung werden auch ganz unterschiedlich genutzt. Deshalb sollte nicht in allen Räumen dieselbe Temperatur herrschen – je nachdem, wie lange ihr euch in einem Raum aufhaltet und wie viel ihr euch darin bewegt. Welche Temperatur sollte in den folgenden Räumen herrschen?

Zieht Verbindungslinien!

a. 15 Grad	1. Unterrichtsräume allgemein
b. 24 Grad	2. Dusch- und Waschräume
c. 20 Grad	3. Treppenhäuser
d. 10 Grad	4. Keller

5.

Macht, wenn es draußen ganz kalt ist, für eine Viertelstunde die Fenster eines Raumes auf. Messt im Abstand von fünf Minuten jeweils die Temperaturen, die unten und oben am Fenster herrschen.

Was fällt euch bei euren Messungen auf?

____
____
____
____

6.

„Kipp-Lüftung“, das bedeutet, dass die Fenster während der gesamten Anwesenheit einen Spalt breit offen bleiben. „Stoß-Lüftung“ bedeutet, dass die Fenster für einen kurzen Zeitraum ganz geöffnet werden. Welches Verfahren solltet ihr künftig praktizieren?
Kreuzt an!

a. nur die Kipplüftung

b. nur die Stoßlüftung

c. Eine Weile werden die Fenster gekippt, danach ganz geöffnet.

d. Eine Weile werden die Fenster ganz geöffnet, danach werden sie gekippt.

© Verlag an der Ruhr | Postfach 102251 | 45422 Mülheim an der Ruhr | www.verlagruhr.de | ISBN 978-3-8346-0292-3

16 Preisausschreiben

7.

Vor uns liegen die kalten Wintermonate. Aber trotz der zu erwartenden Kälte werden wir regelmäßig lüften müssen. Wie lange sollten solche Lüftungsphasen dauern?
Kreuzt an!

a. so lange wie eine Lautsprecherdurchsage im Supermarkt

b. so lange wie ein Musiktitel durchschnittlicher Länge

c. so lange wie eine Folge von „Gute Zeiten – Schlechte Zeiten“

8.

Warum ist es sinnvoll, wenn in einem Zimmer Pflanzen stehen?
Kreuzt an!

a. weil viele Erwachsene für die Grünen sind

b. weil das Raumklima dann nicht so trocken ist

c. weil Pflanzen Wärme abgeben und wir dadurch Heizkosten sparen

16 Preisausschreiben

Lösung zu 1:

d. ca. 84 %

Lösung zu 2:

1. Metall
2. Glas
3. Holz
4. Styropor

Lösung zu 3:

Wenn sich der Papierstreifen ohne Mühe herausziehen lässt, ist das Fenster schlecht abgedichtet. Hier kann wertvolle Wärmeenergie entweichen.

Lösung zu 4:

a. – 3.

b. – 2.

c. – 1.

d. – 4.

Lösung zu 5:

Die Luft, die unten entweicht, ist viel kälter als die, die oben austritt. Das hängt damit zusammen, dass die warme Luft nach oben steigt. Dieses Phänomen begründet auch, wie unsinnig die häufig praktizierte Kipplüftung ist.

Lösung zu 6:

b. nur die Stoßlüftung

Lösung zu 7:

b. so lange wie ein Musiktitel durchschnittlicher Länge

Lösung zu 8:

b. weil das Raumklima dann nicht so trocken ist

© Verlag an der Ruhr | Postfach 102251 | 45422 Mülheim an der Ruhr | www.verlagruhr.de | ISBN 978-3-8346-0292-3

Energiesparlampen und Glühlampen

Vergleich einer Energiesparlampe (zum Einschrauben in eine normale Glühlampenfassung) mit einer Glühbirne:

Dabei wird

eine **100-Watt-Glühlampe** (Lebensdauer 1 000 h)

einer **20-Watt-Energiesparlampe** gegenübergestellt.

Beide strahlen dieselbe Lichtmenge ab.

Über die Lebensdauer der Energiesparlampe (8 000 Stunden) ergibt sich somit ein Energiepreis (0,18 €/kWh) von

a) _______ €.

Die gleich hell leuchtende Glühbirne hätte in dieser Zeit für

b) _______ € Energie verbraucht.

c) Also hätte die Glühbirne _______ -mal so viel Energie verbraucht.

d) Aber hinzu kommen die Investitionskosten:

Qualitativ gute Energiesparlampen sind schon für 10 € zu erwerben.

Eine gute Glühbirne kostet 0,60 €.

Während der Lebensdauer einer einzigen Energiesparlampe

wären etwa _____ Glühbirnen benötigt worden, weshalb im

Glühlampenfall die Investitionskosten € _______ ergeben.

Beim Vergleich sieht man deutlich, dass das Glühlampenlicht

mit _______ € erheblich teurer ist als das der Energiesparlampe

mit nur _______ €.

Eine Ersparnis von _______ Prozent!

© Verlag an der Ruhr | Postfach 102251 | 45422 Mülheim an der Ruhr | www.verlagruhr.de | ISBN 978-3-8346-0292-3

16 Energiesparlampen und Glühlampen

Vergleich einer Energiesparlampe (zum Einschrauben in eine normale Glühlampenfassung) mit einer Glühbirne:

Dabei wird

eine **100-Watt-Glühlampe** (Lebensdauer 1 000 h)

einer **20-Watt-Energiesparlampe** gegenübergestellt.

Beide strahlen dieselbe Lichtmenge ab.

Über die Lebensdauer der Energiesparlampe (8 000 Stunden) ergibt sich somit ein Energiepreis (0,18 €/kWh) von

a) **28,80** €.

(8 000 h x 20 W x 0,18 €/kWh : 1 000 = 28,80 €)

Die gleich hell leuchtende Glühbirne hätte in dieser Zeit für

b) **240** € Energie verbraucht.

(8 000 h x 100 W x 0,18 €/kWh : 1 000 = 144 €)

c) Also hätte die Glühbirne **5** -mal so viel Energie verbraucht.

d) Aber hinzu kommen die Investitionskosten:

Qualitativ gute Energiesparlampen sind schon für 10 € zu erwerben.

Eine gute Glühbirne kostet 0,60 €.

Während der Lebensdauer einer einzigen Energiesparlampe wären etwa **5** Glühbirnen benötigt worden, weshalb im Glühlampenfall die Investitionskosten **3** € ergeben.

Beim Vergleich sieht man deutlich, dass das Glühlampenlicht mit **147** € erheblich teurer ist als das der Energiesparlampe mit nur **38,80** €.

Eine Ersparnis von **73,6** Prozent!

© Verlag an der Ruhr | Postfach 102251 | 45422 Mülheim an der Ruhr | www.verlagruhr.de | ISBN 978-3-8346-0292-3

Energiefreundlicher Raum 17

Von der Schachtel zur Oase

Räume in Schulen und öffentlichen Einrichtungen für Jugendliche sind teilweise ein trostloser Ort: Das Inventar haben Generationen von Jugendlichen bekritzelt. Poster, die an einer einzigen Reißzwecke baumeln, künden von Bands, deren große Zeit schon lange vorbei ist. Angesichts solcher Eindrücke haben es sich die Jugendlichen abgewöhnt, von „unserem Raum" zu sprechen. Mit dem Verlust des Possessivpronomens ist gleichzeitig auch ein Verlust von Heimat verbunden.

Solche Erfahrungen haben dazu geführt, dass Jugendliche den Raum im Jugendheim oder in der Schule oft ganz nach eigenen Vorstellungen ausgestalten dürfen. Sie lassen sich in der Regel eine Menge einfallen, um aus dem ehemals so trostlosen Raum eine wohnliche Oase zu machen.

Die Umgestaltung von Aufenthaltsräumen oder Klassenzimmern in Eigenregie lässt viele Optionen offen: Da können die Wände neu gestrichen oder mit kunstfertigen Graffitis geschmückt werden. Da kann sich eine Ecke des Raumes in eine Sitzlandschaft und eine andere in eine Bar verwandeln. Da kann aber auch aus einem lieblos eingerichteten Raum ein energiefreundliches Zimmer werden. Freilich schrecken viele Pädagogen gerade vor dieser Option zurück, weil sie sich und den Jugendlichen die dafür notwendigen handwerklichen Fertigkeiten nicht zutrauen. Andererseits sehen sie aber auch keine Möglichkeit, die dafür erwarteten Finanzmittel aufzutreiben.

Ein niederschwelliger Ansatz

Hier sollte deshalb zunächst ein niederschwelliger Ansatz in Erwägung gezogen werden. Dafür sind keine teuren Umbauten und keine aufwändigen Investitionen notwendig. Nach entsprechenden Vorbereitungen sollte etwas eine einzige Stunde ausreichen, um einem Raum ein energiefreundliches Design zu geben. Dazu arbeiten jeweils zwei Jugendliche in einem Team zusammen. Ihre Aufgabe ist es, in der zur Verfügung stehenden Zeit

- kleinere technische Aufträge auszuführen. Dafür kommen z.B. Dichtungs- und Kittarbeiten in Frage.
- einfache Wartungsarbeiten zu erledigen. Dazu gehört z.B. die Säuberung von Heizkörpern oder Lampen.
- die Ausstattung des Raumes zu verbessern. Das gilt z.B. für den Einsatz von Pflanzen zur Verbesserung des Raumklimas.
- fehlende Markierungen zu ergänzen. Dafür bietet sich z.B. der Boden als Stellfläche des Mobiliars an.
- das Informationssystem nachzurüsten. Dazu könnte man z.B. die Putzfrauen oder andere Jugendliche ansprechen, die diesen Raum mitbenutzen.
- organisatorische Vorarbeiten zu leisten. Dabei wird es vor allem um die Organisation der wöchentlich wechselnden Energie-Teams gehen.

Man wird die Jugendlichen für ein solches Projekt nicht gewinnen können, wenn man ihnen diese Aktion als eine lustfeindliche Gemeinschaftsfron verkauft. Lieber sollte man sich da die „Rama-Dama"-Kampagnen der Nachkriegszeit zum Vorbild nehmen. „Rama Dama" – das bedeutete so viel wie: Aufräumen tun wir! Und seinerzeit gelang es in vielen Städten, aus der an und für sich lästigen Beseitigung des Kriegsschutts ein kollektives Erlebnis, ein wirkliches Ereignis zu machen. Wenn sich deshalb eine Jugendgruppe zu einem solchen „Rama Dama" entschließt, muss die Inszenierung stimmen. Und die Rap-Titel aus dem mitgebrachten Kassettenrekorder werden den Arbeitseifer der Jugendlichen erst richtig antreiben. Außerdem sollte die Aktion von einem Jugendlichen mit der Kamera begleitet werden – das verstärkt den Eindruck, wirklich etwas geschafft zu haben.

© Verlag an der Ruhr | Postfach 102251 | 45422 Mülheim an der Ruhr | www.verlagruhr.de | ISBN 978-3-8346-0292-3

„Rama Dama“

Wer ist wofür zuständig?

____________________ **tauschen zusammen mit dem Hausmeister die bisherigen Heizungsventile gegen moderne Thermostatventile aus.**

„Denn so können wir selber bestimmen, wie warm wir es haben wollen, und die Heizung während der Schließungszeiten abdrehen.“

____________________ **sorgen dafür, dass das Thermometer im Raum einen würdigen Platz erhält.**

„Denn nur so können wir regelmäßig kontrollieren, ob die Raumtemperatur noch den Richtwerten entspricht.“

____________________ **dichten das große Fenster auf der Rückseite unseres Raumes mit Schaumstoffband ab.**

„Denn der Test mit einem Papierstreifen hat gezeigt, wie viel Zug dieses Fenster durchlässt.“

____________________ **reinigen die Zwischenräume hinter den Heizkörpern.**

„Denn es macht wenig Sinn, Staub und Dreck zu beheizen, während wir selber frieren.“

____________________ **bringen Banderolen an den Vorhängen an.**

„Denn wenn die Heizkörper von den Vorhängen verdeckt werden, geht wertvolle Energie verloren.“

____________________ **markieren mit Klebestreifen auf dem Fußboden, bis wohin die Möbel gestellt werden können.**

„Denn nur so kann verhindert werden, dass die Möbel zu nah an den Heizkörpern stehen und die ganze Wärme abfangen.“

____________________ **bringen auf dem Flur Garderobenhaken an.**

„Denn Mäntel und Jacken im Raum führen zu zusätzlichen Ausdünstungen, und das ist für das Raumklima im nicht gut.“

____________________ **bemalen einen Tontopf, der in Zukunft als Luftbefeuchter auf dem Fensterbrett stehen soll.**

„Denn so können wir dazu beitragen, dass in unserem Raum ein gesundes Raumklima herrscht.“

© Verlag an der Ruhr | Postfach 102251 | 45422 Mülheim an der Ruhr | www.verlagruhr.de | ISBN 978-3-8346-0292-3

„Rama Dama“ 17

____________________ **versuchen sich als Hobby-Gärtner. Sie reinigen die Blumentöpfe und topfen die Pflanzen um.**

„Denn mit viel Grün im Raum können wir dafür sorgen, dass es bei uns nicht zu trocken wird.“

____________________ **reinigen die Reflektoren und Leuchtschalen der Lampen.**

„Denn so bekommen wir gutes Licht, ohne mehr Energie zu verbrauchen.“

____________________ **markieren die Lichtschalter so, dass man weiß, welcher Schalter zu den Lampen in der Tür- und welcher zu den Lampen in der Fensterreihe gehört.**

„Denn das Licht kann in Fensternähe früher ausgeknipst werden.“

____________________ **erstellen eine Liste mit den Energiediensten für das nächste Halbjahr.**

„Denn wenn sich niemand verantwortlich fühlt, werden die Fenster weiterhin gekippt bleiben und die Deckenleuchten nach wie vor auch brennen, wenn den Raum niemand benutzt.“

____________________ **gestalten ein Poster, das daran erinnert, vor Verlassen des Raumes die Fenster zu schließen und das Licht auszuschalten.**

„Solche Selbstverständlichkeiten werden gerne vergessen.“

____________________ **tauschen die bisherigen BRAVO-Poster gegen neue Poster aus, die zu einem sparsamen Umgang mit Energie aufrufen.**

„Denn nur, wenn wir immer wieder an das Energiesparen erinnert werden, werden wir diese selbstgestellte Aufgabe auch beherzigen.“

____________________ **bekleben einen Kalender für das nächste Jahr, in dem zu jedem Monat die passende Lüftungszeit notiert ist.**

„Denn nur, wenn die Lüftungszeit stimmt, macht Stoßlüftung überhaupt Sinn.“

© Verlag an der Ruhr | Postfach 102251 | 45422 Mülheim an der Ruhr | www.verlagruhr.de | ISBN 978-3-8346-0292-3

18 Energiesparen durch Investitionen

Lieber effektiv als spektakulär

Wer sich der Sache des Energiesparens verschrieben hat, wird gerne als weltfremder Verzichtsapostel belächelt. Tatsächlich setzt ein verantwortungsvoller Umgang mit Energie den Verzicht auf manche Bequemlichkeit und manchen Komfort voraus. Aber neben der notwendigen Änderung des Verbraucherverhaltens sind noch andere Strategien des Energiesparens möglich und sinnvoll. Dazu gehören:

- eine Verringerung der Verluste auf Seiten der Energieerzeuger (z.B. durch eine Steigerung der Wirkungsgrade von Dampfkraftwerken oder durch den Einsatz der Kraft-Wärme-Kopplung, der kontinuierlichen Umwandlung von Wärmeenergie in mechanische Energie),
- ein effizienter Umgang mit Energie durch die Abnehmer (z.B. durch Dämmung eines Gebäudes oder durch den Einsatz Energie sparender Haushaltsgeräte),
- der Umstieg auf erneuerbare Energieträger (z.B. durch die Aufstellung von Sonnenkollektoren oder durch den Einsatz von Wärmepumpen),
- die Umstellung der Warenproduktion auf ein Kreislaufsystem (z.B. durch den Einsatz von Mehrwegverpackungen oder die Wiederaufbereitung von Rohstoffen).

Als Abnehmer von Energie sind deshalb auch Schulen und andere öffentliche Einrichtungen gefordert: Neben einem verantwortungsbewussten Umgang mit Heizung, Strom und Wasser müssen sie alle Möglichkeiten ausloten, durch technische Verbesserungen ihren Energieverbrauch zu senken. Oft erliegen die Einrichtungen dabei der Versuchung, sich durch spektakuläre Aktivitäten ins Gespräch zu bringen. Denn die Montage einer Fotovoltaikanlage auf dem Dach dürfte die lokalen Medien ebenso interessieren wie die Aufstellung eines Windrades. Weniger pressewirksam, aber erheblich sinnvoller wäre es, mit Maßnahmen gegen den Verlust von Heizenergie zu beginnen. Denn die Energiebilanz einer Schule zeigt z.B., dass hier das mit Abstand größte Einsparpotenzial liegt. Vom gesamten Energiebedarf einer Schule beanspruchen:

die Heizung	ca. 84%
das Licht	ca. 11%
die elektrischen Geräte	ca. 4%
die Warmwasseraufbereitung	ca. 1%.

Informationen aus:
- *www.energie-bewusstsein.de*
- *www.umweltschulen.de/energie/k-heizung.html*

Es sind vor allem zwei Maßnahmen, die zwar Investitionen erforderlich machen, durch die aber der Verbrauch an Heizenergie erheblich gesenkt werden kann: Der Einbau von Wärmeschutzfenstern und Maßnahmen zur Wärmedämmung des Gebäudes. Beide Maßnahmen sind zunächst teuer, führen aber auch zu erheblichen Einspareffekten. So sind für die Abdämmung der Außenwände Investitionskosten in Höhe von 50 – 100 €/qm zu veranschlagen. Andererseits lassen sich so die Ausgaben für Heizenergie um 16 – 28 % senken.

Solche Zahlen können auch Jugendliche beeindrucken. Und sie sollten sie veranlassen, sich nach kreativen Lösungen und kompetenten Partnern umzusehen.

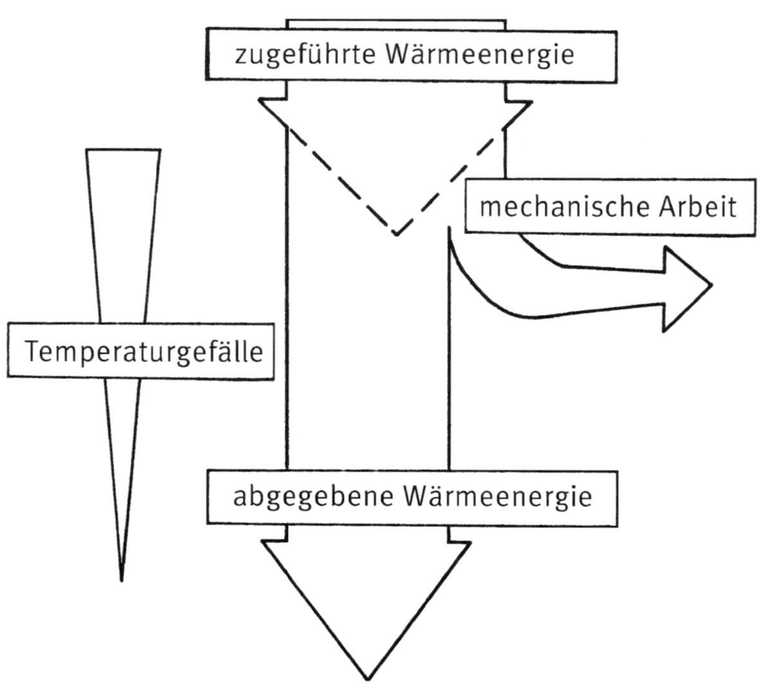

© Verlag an der Ruhr | Postfach 102251 | 45422 Mülheim an der Ruhr | www.verlagruhr.de | ISBN 978-3-8346-0292-3

Eine Kooperation zwischen Berufs- und Realschülern

Am Beispiel einer Partnerschaft zwischen verschiedenen Schulen lässt sich wunderbar deutlich machen, was ein solcher Zusammenschluss bewirken kann.

Für viele Schüler ist die Schule zum wichtigsten Lebensraum geworden: Hier organisieren sie ihre sozialen Kontakte, hier trainieren sie ihre Fähigkeit zur Konfliktbewältigung, und hier setzen sie sich mit den Spielregeln menschlichen Zusammenlebens auseinander. Andere Institutionen, wie Familie, Nachbarschaft, Verein oder Kirche, scheinen dafür immer weniger geeignet. Diese Fixierung auf die eigene Schule lässt viele Schüler vergessen, dass es auch ein Leben außerhalb ihrer Schule gibt: Sie haben wenig Einblick in Arbeitswelt und Kulturleben, und ihre Kontakte zu jungen Menschen in anderen Lebenszusammenhängen sind eher die Ausnahme.

Die Partnerschaft zweier Schulklassen kann helfen, eine solche Entfremdung zu überwinden. Hier haben junge Menschen die Chance, ihren Gesichtskreis zu erweitern und das Leben außerhalb der eigenen Schule zu erkunden. Besonders interessant wird es für die Beteiligten, wenn Gymnasiasten und Auszubildende zu Partnern werden. Beide haben ganz unterschiedliche Biogafien, leben in unterschiedlichen sozialen Zusammenhängen und haben unterschiedliche Perspektiven.

Eine solche Partnerschaft kann nur funktionieren, wenn sie sich nicht in krampfhaft arrangierten Kontakten erschöpft. Viel sinnvoller wäre es da schon, beide Gruppen in ein gemeinsames Projekt einzubinden. Denn Arbeit verbindet. Vor allem die Auszubildenden können zu einem solchen Projekt viel Kompetenz beisteuern. Sie sind es gewohnt, die ihnen gestellten Aufgaben professionell zu lösen. Und diese Professionalität hilft ihnen auch, den Gymnasiasten selbstbewusst gegenüberzutreten.

Maßnahmen zur Wärmedämmung des Klassenzimmers könnten für eine Gymnasialklasse ein Anlass sein, sich an eine Klasse der Berufsschule für Bauberufe zu wenden. Denn die Schüler wissen, dass diese Arbeit nur von „Profis“ erledigt werden kann. Und auch die Auszubildenden könnten von diesem Projekt profitieren. Fühlen sie sich doch wenig motiviert, in den Werkstätten ihrer Schule den Ernstfall jeweils nur zu simulieren – hier aber könnten sie sich endlich einer realen Herausforderung stellen. Hier könnten sie zeigen, was sie in ihrer bisherigen Ausbildung gelernt haben, und sich dafür die Anerkennung ihrer Partnerklasse einhandeln und auch entsprechende Gegenleistungen.

Vielleicht kann daraus eines Tages ein Netzwerk werden, in das alle Klassen einer Stadt ihre besonderen Fähigkeiten und Qualifikationen einfließen lassen, sodass jede Klasse macht, was sie kann, und bekommt, was sie braucht.

© Verlag an der Ruhr | Postfach 102251 | 45422 Mülheim an der Ruhr | www.verlagruhr.de | ISBN 978-3-8346-0292-3

Klassenpartnerschaft

An

die Klasse 10 b

der Schule für Bauberufe

Hallo ihr,

wir sind 23 Schülerinnen und Schüler der Klasse 10 a des Franz-Josef-Strauß-Gymnasiums. Und wir sind stinksauer darüber, dass an unserer Schule so viel unnötige Energie durch den Schornstein geblasen wird. Einiges hat sich bei uns schon verändert, um den Energieverbrauch im Klassenzimmer zu senken: Wir haben Tische und Stühle umgestellt, haben mit viel Grünzeug das Raumklima verbessert, wir haben die Fenster abgedichtet und die alten Leuchtstoffröhren gegen Energie sparende Modelle ausgetauscht. Wir sind keine Profis, aber das haben sogar wir geschafft.

Wir wissen natürlich auch, dass es da noch sehr viel mehr zu tun gibt. Vor allem die Außenwand unseres Klassenzimmers lässt wahnsinnig viel Wärme durch. Und das ist auf Dauer einfach kein Zustand. Hier müsste dringend eine fachgerechte Innendämmung her. Aber damit sind wir einfach überfordert.

Deshalb unsere Bitte an euch: Könntet ihr euch vorstellen, euch für einen Tag die Außenwand unseres Klassenzimmers vorzunehmen? – Da gäbe es eine Menge zu tun: Der Putz müsste abgeschlagen und das Mauerwerk müsste ausgebessert werden. Außerdem müsste das Dämm-Material aufgetragen und neu verputzt werden. Nur das anschließende Streichen des Klassenzimmers – das trauen wir uns auch zu.

Mit dem Material dürfte es kein Problem geben: Aus dem Projekt-Topf sind uns dafür 300 Euro zugesagt worden. Damit scheinen wir gut hinzukommen.

Natürlich wollen wir uns für euer Engagement auch revanchieren. Dass ihr nicht mit ein paar Wurstbrötchen aus dem Supermarkt abgespeist werdet, versteht sich von selbst. Olaf wird euch einen Verpflegungsservice vom Feinsten bieten - und seine „kunstvoll geknoteten Spagetti" sind wirklich ein Gedicht! Außerdem soll es zum Abschluss eine „Dicht-und-dämmlich-Fete" geben, für die sich Sarah und Steffi bereits die tollsten Cocktails ausgedacht haben.

Vor allem werden wir an diesem Tag aus unserem Computerraum eine Schreibwerkstatt machen: Hier könnt ihr euch von Cracks wie Florian oder Sabine ein Bewerbungsschreiben oder einen Lebenslauf entwerfen lassen, mit dem ihr in jeder Personalabteilung bestimmt eine Menge Eindruck macht.

Es wäre toll, wenn ihr euch auf dieses Unternehmen einlassen würdet. Wir sind schon mächtig gespannt auf eure Antwort – und auf euch natürlich erst recht.

23 Unterschriften

© Verlag an der Ruhr | Postfach 102251 | 45422 Mülheim an der Ruhr | www.verlagruhr.de | ISBN 978-3-8346-0292-3

Klassenpartnerschaft

An

die Klasse 10 a

des Franz-Josef-Strauß-Gymnasiums

Hallo ihr,

ehrlich gesagt, manche von uns waren anfangs nicht so recht begeistert, euch beim Dämmen eures Klassenzimmers zu helfen. Für die „Gymmis" die Drecksarbeit zu machen – dazu hatten sie keine Lust. Nur die Aussicht auf den Mädchenüberschuss in eurer Klasse hat sie schließlich überzeugt.

(Grins!)

Inzwischen sind wir uns aber einig. Der Tag bei euch war ein runde Sache. Ihr habt uns nicht verhungern lassen. Eure Lebensläufe sind megamäßig. Und von Sarah und ihren Cocktails träumen manche noch heute (vor allem von Ersterer). Mit unserer Arbeit im Klassenzimmer waren wir übrigens auch ganz zufrieden.

Schade, wenn unser Tag bei euch der ganze Kontakt gewesen wäre. Deshalb unser Angebot: Am 2. Juli wird der neue Grillplatz beim Steinbruch eingeweiht – auch Werk unserer Handwerkskunst. Hättet ihr Lust, mit dabei zu sein?!

Wir rechnen mit euch.

19 Unterschriften

© Verlag an der Ruhr | Postfach 102251 | 45422 Mülheim an der Ruhr | www.verlagruhr.de | ISBN 978-3-8346-0292-3

19 Investitionen ohne Handwerker

Heraus aus den Hobbykellern!

Jede Schule und Einrichtung für Jugendliche stellt sich in diesem Sinne als ein attraktives Betätigungsfeld für werkelnde Eltern dar. Hier können sie durch technische Eingriffe dazu beitragen, den Energieverbrauch zu drosseln und so der Einrichtung ihrer Kinder viel Geld zu sparen:

Durch undichte Fugen – hauptsächlich im Umfeld von Fenstern, Türen und Rolladenkästen – gehen bis zu 33 % der jährlichen Heizenergie verloren.

Durch eine Abdichtung mit Hilfe von Dichtungsbändern oder Dichtungsmasse sowie den Einsatz von Fensterkitt ließe sich dieser Wert absenken.

Für die Türen gibt es spezielle Dichtungen, mit denen sich ebenfalls dem Wärmeverlust begegnen ließe. Schließlich könnte das Auskleiden der Heizkörpernischen sowie der Austausch der Leuchtstoffröhren auch von Laien vorgenommen werden.

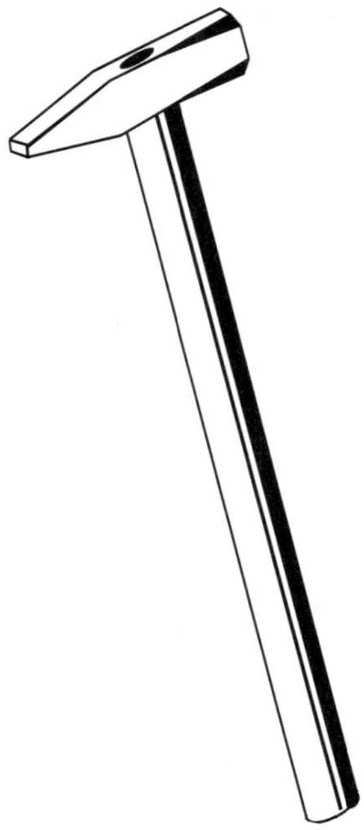

Für Rohrleitungen mit einem Umfang bis zu 20 mm ist vom Gesetzgeber eine Wärmedämmschicht von mindestens 20 mm Stärke vorgegeben. Sollte die vorgeschriebene Dämmung nicht vorhanden sein, dann könnten die Eltern eine zusätzliche Isolierung anbringen, denn 33 % der Wärme in einem Haus gehen durch undichte Fenster verloren.

Neben solchen primär wirksamen Maßnahmen kann im Rahmen einer energieschonenden Umrüstung die Begrünung der einzelnen Räume dazu führen, dass sich das Raumklima verbessert. Durch eine bessere Wartung lassen sich z.B. die Boiler entkalken. Markierungen in den Räumen können sicherstellen, dass Möbel die Heizkörper nicht verstellen. Schließlich sind auch zahlreiche Aktivitäten denkbar, die Pägagogen und Jugendliche immer wieder an ihre Selbstverpflichtung zu einem sparsamen Umgang mit Energie erinnern.

Informationen aus:

- *www.umweltdaten.de/publikationen/fpdf-l/188.pdf*
- *www.energieinfo.de/energiesparen/*
- *Beate Bühl: Wir modernisieren unser Haus. Substanz erhalten, Raum gewinnen. Energiesparen. Callwey, 2005.*

Eltern im Blaumann

Es ist eine alte Erfahrung: Wo Jugendliche Gelegenheit haben, ihre Einrichtung oder das Umfeld selbst auszugestalten, geht der Vandalismus in der Einrichtung schlagartig zurück. Durch diese Erfahrung haben sich manche Einrichtungen dazu ermutigen lassen, einmal im Jahr einen Werktag durchzuführen.

Ein solcher Werktag sollte an einem Samstag stattfinden, um möglichst viele Eltern daran zu beteiligen. Schon lange vor dem eigentlichen Werktag wird von den Pädagogen, Jugendlichen und Eltern ein Katalog sinnvoller Projekte erarbeitet. Jugendliche und Eltern, die sich im Rahmen eines dieser Projekte betätigen wollen, tragen sich zwei Wochen vorher in die Teilnehmerlisten ein. Dabei wird auch nach entsprechenden Vorkenntnissen, verfügbarem Werkzeug und nach dem benötigten Material gefragt. Am Morgen des Werktags treffen sich die einzelnen Projektgruppen und machen sich ohne größere Formalitäten an die Arbeit. Ein Küchenteam sorgt dafür, dass die freiwilligen Helfer nicht verdursten müssen und dass sie in der Mittagspause gut versorgt sind. Außerdem sind die Mitglieder des Fotokurses im Haus unterwegs, um die schweißtreibenden Aktivitäten im Bild festzuhalten. Und am späten Nachmittag treffen sich alle Aktiven, um den Tag mit einem zünftigen Fest ausklingen zu lassen.

Werktag – Energiesparen

Hier sind in der Regel einzelne Teams im ganzen Gebäude unterwegs, um sich die großen und kleinen Energiefallen vorzunehmen. Wer solche Mühen auf sich nimmt, wird wohl später auch eher bereit sein, sein eigenes Verhalten dem Ziel eines verantwortungsbewussten Umgangs mit Energie unterzuordnen.

© Verlag an der Ruhr | Postfach 102251 | 45422 Mülheim an der Ruhr | www.verlagruhr.de | ISBN 978-3-8346-0292-3

„Es gibt viel zu tun!“

Projektgruppen zum Werktag

_______________ Abdichtung der Fensterfugen im Altbau

_______________ Nachkitten der Fenster im Treppenhaus

_______________ Dichtungsbürsten an den Türen des Neubaus anbringen

_______________ Isolierung der Warmwasserleitungen in den Fachräumen

_______________ Isolierung der Warmwasserbereitung im Kellergeschoss

_______________ Abdämmung der Heizkörpernischen

_______________ Bodenmarkierungen in allen Räumen

_______________ Kontrolle und Neueinstellung der Thermostatventile

_______________ Innenraumbegrünung

_______________ Markierung der Lichtschalter im ganzen Gebäude

_______________ Reinigung der Reflektoren in den Deckenleuchten

_______________ Austausch der Leuchtstoffröhren

_______________ Entsorgung nicht mehr benötigter Elektrogeräte im ganzen Gebäude

_______________ Abdichtung der defekten Wasserhähne

_______________ Umrüstung der Spülkästen in den Toiletten

_______________ Installation eines Sonnenkollektors

_______________ Gestaltung eines Schaukastens zur Energiebilanz der Einrichtung

_______________ Produktion eines Umwelt-Jingles zum Energiesparen

© Verlag an der Ruhr | Postfach 102251 | 45422 Mülheim an der Ruhr | www.verlagruhr.de | ISBN 978-3-8346-0292-3

20 Verhaltensänderung

Es kommt auf uns selbst an

Unsere Konsumgesellschaft kann sich dem Umweltschutz nicht ganz verweigern, aber sie hat ihre sehr eigene Art entwickelt, sich diesem Problem zu stellen: Nicht durch eine Veränderung von Lebens- und Konsumgewohnheiten, sondern durch immer neue Investitionen soll der Umwelt Genüge getan werden. So macht es für die Protagonisten einer Konsumkultur keinen Sinn, das eigene Verkehrsverhalten zu überprüfen und z.B. auf öffentliche Verkehrsmittel umzusteigen. Stattdessen setzen sie auf verbrauchsarme Antriebssysteme und leistungsstarke Katalysatoren. Ebenso vertraut die Konsumgesellschaft eher auf eine Perfektionierung der Müllverbrennung als auf das Prinzip der Müllvermeidung. Der Glaube an die Dynamik des Machbaren ist stärker ausgeprägt als die Bereitschaft zu einer veränderten Einstellung.

Besonders unter jungen Leuten ist dieses Denken populär. Zwar akzeptieren viele Jugendliche die Notwendigkeit eines sparsameren Umgangs mit Energie. Ihr Engagement erschöpft sich aber oft in der Forderung nach einer besseren Isolierung der Wände oder der Verwendung Energie sparender Lampen. Dass auch sie selbst mit ihrem Verhalten einen Beitrag zum Energiesparen leisten können – dafür müssen sie erst gewonnen werden. Hier setzt auch der pädagogische Auftrag der Schule an: Sie muss die Jugendlichen zu einer nachhaltigen Änderung ihrer alltäglichen Gewohnheiten anleiten – und das bedeutet eine dauerhafte Auseinandersetzung mit Nachlässigkeit, Vergesslichkeit und Schlamperei.

Oft fehlen den öffentlichen Gebäuden die erforderlichen Mittel, um in den Gebäuden wärmedämmende Fensterrahmen einzusetzen oder gar die komplette Heizungsanlage auszutauschen. Den Einrichtungen bleibt also gar nichts anderes übrig, als die angestrebten Einspareffekte über ein verändertes Nutzerverhalten zu erzielen. Am ehesten gelingt dies über eine gemeinsame Selbstverpflichtung aller Jugendlichen und Pädagogen. Die Energieverfassung ist ein bewährtes Instrument, um solche Bemühungen langfristig abzusichern.

Verbindliche Vereinbarungen treffen

Ob es um die Mülltrennung in der Einrichtung geht, um die Gewalt oder um das Rauchen auf den Toiletten, immer wieder zeigt sich, wie wenig sich hier mit bloßen Appellen ausrichten lässt. Längst haben die Jugendlichen gelernt, solche gut gemeinten Botschaften zu verdrängen und sich ihnen auch dann zu entziehen, wenn sie von Kontrollen und Strafen flankiert werden.

Viel erfolgreicher erscheint der Versuch, gemeinsam mit den Jugendlichen Verhaltensregeln zu entwickeln und diese verbindlich zu vereinbaren. Solche Vereinbarungen können sich in Absprachen niederschlagen, in Verträgen oder in einer Verfassung, die von Jugendlichen, Eltern und Pädagogen ausgehandelt wird. Solche Vereinbarungen sind darüber hinaus ein Beitrag zur Demokratie, weil hier auch die Jugendlichen an der Ausarbeitung von Regeln und Pflichten beteiligt werden.

Eine Energieverfassung sollte sich nicht in inhaltsleeren Beteuerungsformeln erschöpfen, sondern möglichst konkret formuliert sein. Im Einzelnen sollte in der Energieverfassung festgeschrieben werden,

- warum sich eine Einrichtung am Projekt des Energiesparens beteiligt. Diese Gründe sollten in einer vorangestellten Präambel aufgelistet werden.
- welches konkrete Einsparvolumen im Laufe eines Jahres angestrebt wird.
- wie das gesamte Projekt organisiert ist – von der Einrichtung einer Koordinationsgruppe bis hin zur Dokumentation der erzielten Ergebnisse.
- wie jeder Einzelne durch sein Verhalten zum Erfolg des Projekts beitragen kann.
- wie die erzielten Einsparergebnisse verteilt werden sollen und wer über diese Ausschüttung mitzuentscheiden hat.

Einrichtungen, die mit dem Energiesparen Ernst machen wollen, sollten sich nicht zu einem vorschnellen Aktionismus verleiten lassen. Die Arbeit an einer Energieverfassung verhindert solche „Schnellschüsse“. Wichtig ist aber auch, dass für die Energieverfassung eine feste Laufzeit vereinbart wird und dass sichergestellt wird, wie die Ergebnisse des Energiesparens evaluiert werden sollen. Denn mit bloßen Absichtserklärungen wird man weder der Umwelt noch dem Einrichtungsbudget einen Gefallen tun.

Freilich ist die Arbeit an einer Energieverfassung für die ganze Einrichtung auch mit viel Aufwand verbunden. Deshalb empfiehlt es sich manchmal, dass in kleinen Gruppen solche Vereinbarungen aushandeln. Am Entwurf einer Agenda für sind dann nicht Vertreter und Funktionäre beteiligt, sondern wirklich alle Jugendlichen – und auf die kommt es letztlich an.

© Verlag an der Ruhr | Postfach 102251 | 45422 Mülheim an der Ruhr | www.verlagruhr.de | ISBN 978-3-8346-0292-3

Eine Energieverfassung

Mustertext

Präambel

Jugendliche, Eltern und Pädagogen der Einrichtung wollen durch ihr Verhalten den Energieverbrauch deutlich reduzieren. Auf diesem Weg will die Einrichtung ihren Beitrag zu einem weltweiten Klimaschutz und zu einer Schonung natürlicher Ressourcen leisten. Ihr Engagement ist vor allem in der Verantwortung für die armen Länder dieser Erde sowie für zukünftige Generationen begründet.

Artikel 1

Wir verpflichten uns zu einem sparsamen und rationellen Umgang mit Energie und wissen, dass damit eine Veränderung eigener Verhaltensgewohnheiten verbunden ist.

Unser Ziel ist es, in jedem Jahr den Energieverbrauch um mindestens 1 % zu senken. Für die Ermittlung der eingesparten Energie werden Bemessungsgrößen zu den Bereichen Strom, Wasser und Heizung herangezogen, die sich jeweils an den Verbrauchsdaten des vorangegangenen Jahres orientieren. Die Vergleichszeiträume entsprechen den jährlichen Ablesezyklen der Versorgungsunternehmen.

Der Träger bleibt aufgefordert, dieses Vorhaben durch Energie sparende Investitionen zu unterstützen.

Artikel 2

In unserer Einrichtung wird eine Koordinationsgruppe gebildet, der der Hausmeister sowie Vertreter der Jugendlichen, der Eltern, der Pädagogen und der Leitung angehören. In der Koordinationsgruppe ist außerdem die für das Gebäude zuständige Reinigungsfirma vertreten.

Aufgabe der Koordinationsgruppe ist es, einen konkreten Maßnahmenkatalog für den rationellen Umgang mit Strom, Wasser und Heizenergie zu erarbeiten und dessen Umsetzung zu begleiten.

Die Einrichtung bestimmt einen Energiesparbeauftragten, der für die Anwendung des Maßnahmenkatalogs in den Räumen verantwortlich ist.

Die Koordinationsgruppe erfasst die monatlichen Daten zum Energieverbrauch im Gebäude und macht sie der Öffentlichkeit in geeigneter Form bekannt. Außerdem legt sie zum Ende eines jeden Jahres einen Energiebericht vor, in dem die eingeleiteten Maßnahmen und die Entwicklung des Energieverbrauchs beschrieben werden.

Artikel 3

Die durch eine Senkung des Energieverbrauchs frei gewordenen Mittel werden nach dem folgenden Schlüssel verteilt: 50 % der Mittel werden in Maßnahmen investiert, die der weiteren Reduktion des Energieverbrauchs dienen, 40 % für Aktivitäten im Rahmen der Einrichtung. 5 % der eingesparten Gelder stehen dem Hausmeister und 5 % der Koordinationsgruppe zur freien Verfügung.

Über die konkrete Verwendung dieser Mittel ist die Öffentlichkeit angemessen zu unterrichten.

Artikel 4

Diese Verfassung tritt am 1. August dieses Jahres in Kraft. Sie gilt zunächst für die Dauer eines Jahres.

© Verlag an der Ruhr | Postfach 102251 | 45422 Mülheim an der Ruhr | www.verlagruhr.de | ISBN 978-3-8346-0292-3

21 Energiesparen im Haushalt

Elektrogeräte richtig nutzen

Auch Schenken will gelernt sein

Als unfreiwillige Protagonisten der Konsumgesellschaft sind die Jugendlichen auch durch die Rituale des Schenkens und Beschenktwerdens nicht in Verlegenheit zu bringen: Der Geburtstag des Vaters ist ihnen allenfalls einen Besuch in der CD-Abteilung des Kaufhauses wert. Und der Muttertag wird lediglich mit einem Abstecher in den nächsten Blumenladen gewürdigt. Die Mütter werden es zur Kenntnis nehmen und sich mit einer gewissen Wehmut daran erinnern, wie sie ihren Müttern zu diesem Traditionstermin noch mit einem selbstgestrickten Topflappen oder wenigstens einem selbstgesteckten Blumenherz ihre Aufwartung machten. Sie werden sich damit trösten, dass ja letztlich auch der gute Wille zählt.

Es gibt viele Feiertage im Jahreslauf – und damit auch viele Geschenkanlässe. Auch für den Muttertag muss nicht wieder eine Schachtel Pralinen oder eine Patrick-Lindner-CD als Anerkennung herhalten. Hier ist jemand, der mit den erworbenen Kenntnissen der Jugendlichen auf dem Gebiet des Energiesparens etwas anfangen kann.

Die in Haushalt und öffentlichen Einrichtungen verwendeten Geräte haben viele Gemeinsamkeiten. Wenn es um den richtigen Umgang mit elektrischen Geräten geht, können die Jugendlichen manchen guten Tipp an ihre Eltern weitergeben. Dabei haben sie zunächst viele Halbwahrheiten und Fehlinformationen richtigzustellen.
So gilt die Geschirrspülmaschine z.B. als regelrechter „Energiekiller“, ihr Anteil am durchschnittlichen Stromverbrauch eines Haushalts beträgt aber nur 5 %. Andererseits glauben viele, den Energieverbrauch der elektrischen Kleingeräte vernachlässigen zu können. Sie beanspruchen zusammengenommen aber 24 % des gesamten Stromverbrauchs.

Geräte	Anteil am durchschnittl. Stromverbrauch eines Haushalts
Kühlschrank/ Gefriertruhe	33 %
Sonstiges	10 %
Lampen	14 %
Herd	15 %
Unterhaltungselektronik/ Computer	11 %
Waschmaschine	7 %
Geschirrspülmaschine	5 %
Trockner	5 %

Informationen aus: www.learn-line.nrw.de

Noch interessanter aber wäre ein Überblick über die Stromkostenersparnis, die sich bei den unterschiedlichen Geräten durch eine Änderung des Nutzerverhaltens erzielen ließe. So verbraucht ein Eierkocher 60 Wh, um fünf Eier hart zu kochen; im offenen Topf sind dafür 200 Wh notwendig. Der Einsatz elektrischer Geräte kann also energetisch durchaus sehr sinnvoll sein. Oder: Durch das Abschalten des Stand-by-Betriebs bei drei Geräten, z.B. Fernseher, Videorekorder und CD-Player, können jährlich bis zu 260 kWh Strom gespart werden. Das entspricht den Verbrauchsdaten von zwei modernen Kühlschränken. Oft fehlt es in den Familien nicht am guten Willen, sondern nur an den notwendigen Informationen, um einen Beitrag zum Energiesparen zu leisten. Über die Jugendlichen können solche Informationen auch die Familien erreichen.

Informationen aus: www.umweltlexikon-online.de

© Verlag an der Ruhr | Postfach 102251 | 45422 Mülheim an der Ruhr | www.verlagruhr.de | ISBN 978-3-8346-0292-3

Das etwas andere Muttertagsgeschenk

Zu Muttertag könnt ihr eure Kenntnisse vom Energiesparen sinnvoll anbringen.

Vorbereitungen:

Entwerft einen Energiespar-Gutschein, der folgendermaßen aussehen könnte:

HEINZELMANN CONSULTING
Die Energie-Spar-Agentur

Gutschein

für einen Geräte-Check in der ganzen Wohnung.

Unser Angebot umfasst:

- Berechnung des Energieverbrauchs für jedes einzelne Gerät
- gründliche Beratung zur optimalen Platzierung der Geräte
- gerätespezifische Empfehlungen zur rationellen Nutzung
- Vorstellung kostengünstigerer Nutzungsalternativen
- Modellrechnungen und Tipps für die Neuanschaffung

© Verlag an der Ruhr | Postfach 102251 | 45422 Mülheim an der Ruhr | www.verlagruhr.de | ISBN 978-3-8346-0292-3

- Um den Energieverbrauch eurer Haushaltsgeräte schnell und korrekt ermitteln zu können, solltet ihr zunächst entsprechende Umrechnungstabellen entwerfen.
- Rüstet euch auch mit Vergleichsdaten aus, damit ihr herausfinden könnt, welche elektrischen Geräte in eurem Haushalt unnötig viel Strom fressen.
- Leiht euch dann bei dem regionalen Energieversorgungsunternehmen professionelle Strommessgeräte aus.
- Eine Checkliste hilft euch bei der Orientierung im Dschungel der Messzahlen, Verbrauchsgrößen und Modellrechnungen.
- Nach alter Mütter Sitte könnt ihr dann am Morgen des Muttertags den Frühstückstisch schön decken, einen kleinen Blumenstrauß in einer Vase dekorieren und den selbstgemachten Gutschein dazustellen.
- Nehmt euren Auftrag aber ernst! Ihr könnt euren Müttern und der ganzen Familie damit gute Dienste leisten.

21 Intelligent haushalten – komfortabel leben

30 Spar-Tipps für Küche und Wohnzimmer

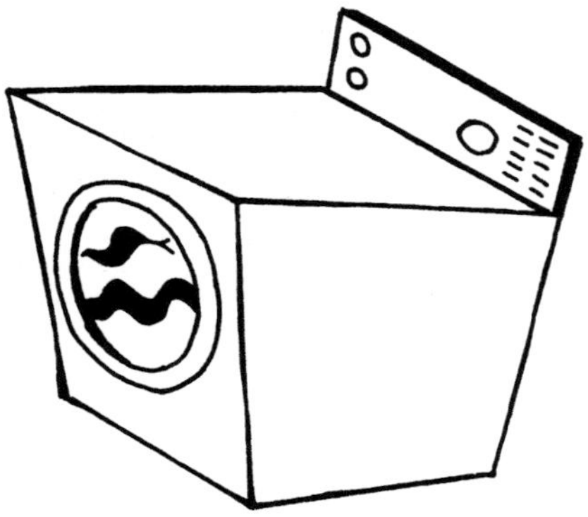

1. Der Kühlschrank darf keinesfalls neben den Herd oder die Heizung gestellt werden. Mit jedem Grad Umgebungstemperatur steigt der Stromverbrauch um 1 kWh.
2. Mit der Stufe I ist es im Kühlschrank kalt genug (in der Gefriertruhe übrigens auch).
3. Warme Speisen sollte man erst auf Zimmertemperatur abkühlen lassen und sie dann in den Kühlschrank stellen.
4. Das Lüftungsgitter muss regelmäßig gereinigt werden, damit es staubfrei bleibt.
5. Schon vor dem Öffnen sollte man überlegen, was man aus dem Kühlschrank braucht. Denn lange Öffnungszeiten erhöhen den Stromverbrauch.
6. Der Kühlschrank muss immer gut gefüllt sein. Je leerer er ist, umso mehr Strom verbraucht er.
7. Die Trommel der Waschmaschine sollte immer voll beladen sein.
8. Auf die Vorwäsche kann man in der Regel verzichten.
9. Wo es möglich ist, sollte ein Energiespar- bzw. ein Kurzprogramm eingeschaltet werden. Niedrige Temperaturen helfen Strom sparen.
10. Die Schleuder sollte jeweils mit mindestens 1 000 Umdrehungen pro Minute laufen.
11. Auch der Wäschetrockner sollte nur dann in Betrieb gehen, wenn er gut beladen ist.
12. Vor Inbetriebnahme muss kontrolliert werden, ob der richtige Trocknungsgrad eingestellt ist.
13. Die Wäscheleine ist für die Wäsche oft viel besser geeignet als der stromintensive Trockner.
14. Die Flusensiebe müssen regelmäßig gereinigt werden. Das spart Geld.
15. Die Geschirrspülmaschine sollte nicht nach jedem Essen eingeschaltet werden, sondern nur dann, wenn sie wirklich voll beladen ist.
16. Wenn die groben Essensreste entfernt werden, kann auf das Vorspülen ganz verzichtet werden.

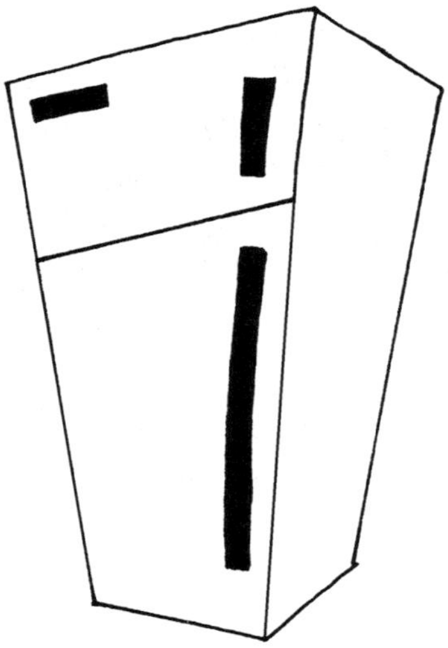

© Verlag an der Ruhr | Postfach 102251 | 45422 Mülheim an der Ruhr | www.verlagruhr.de | ISBN 978-3-8346-0292-3

Intelligent haushalten – komfortabel leben

17. Bei normal verschmutztem Geschirr reichen die Sparprogramme des Geschirrspülers oft vollkommen aus.
18. Beim Kochen auf dem Elektroherd sollte man nur die unbedingt erforderliche Wassermenge zum Garen verwenden. Der Deckel sollte auf dem Topf bleiben.
19. Man sollte die Herdplatte rechtzeitig abschalten, um die Nachwärme ganz ausnutzen zu können.
20. Ein Schnellkochtopf oder ein Topf mit verstärktem, plan gedrehtem Boden kann den Stromverbrauch um 40% senken.
21. Der Durchmesser des Topf- oder Pfannenbodens darf keinesfalls kleiner sein als der Durchmesser der Kochstelle.
22. Beim Backen sollte auf das Vorheizen ganz verzichtet werden.
23. Ein Blitzkocher arbeitet erheblich billiger als ein Elektroherd.
24. Ein Mikrowellengerät eignet sich nur für kleine Mengen, bei größeren arbeitet der Elektroherd sparsamer.
25. Die Wäsche sollte jeweils nach der Bügeltemperatur sortiert werden um das Bügeleisen möglichst Energie sparend zu betreiben.
26. In der Unterhaltungselektronik geht durch den Stand-by-Betrieb wertvolle Energie verloren. In der Bundesrepublik sind etwa 13,5 Millionen Fernsehgeräte auf Stand-by geschaltet. Das kostet so viel Energie, wie ein ganzes Kraftwerk produziert.
27. Eine Stereoanlage sollte über eine abschaltbare Steckerleiste betrieben werden.
28. Ein Computer sollte auch schon bei Arbeitspausen abgeschaltet werden.
29. Peripheriegeräte, wie der Scanner, sollten wirklich nur bei Bedarf eingeschaltet werden.
30. Das Aufrüsten eines Computers ist immer sinnvoller – und umweltfreundlicher – als ein Neukauf.

© Verlag an der Ruhr | Postfach 102251 | 45422 Mülheim an der Ruhr | www.verlagruhr.de | ISBN 978-3-8346-0292-3

22 Großmutters Energiespartipps

Die Hausfrau als Mangelverwalterin

Tipps, Kniffe und Tricks zum Energiesparen fanden in den Nachkriegsjahren ein dankbares Publikum. Denn bis in die 1950er-Jahre hinein verstand sich die Hausfrau als Mangelverwalterin: Sie musste einerseits mit einem knappen Budget auskommen und ihren Lieben andererseits ein komfortables Familienleben garantieren. Das war oft nur mit viel Improvisationstalent zu schaffen. Durch die Klippen des Alltags ließ sich die Hausfrau von einer umfangreichen Ratgeberliteratur lotsen. Anfangs handelte es sich dabei um Kochbücher und Haushaltsführer. Später übernahmen Frauenzeitschriften oder die „Frauen-Seiten" der Tageszeitungen diese Aufgabe.
In den 1950er-Jahren begann die Umrüstung des Haushalts: Menschliche Arbeitskraft wurde zunehmend durch elektrische Geräte ersetzt. An diese Umstellung in der Küche mussten die traditionsbewussten Hausfrauen erst einmal gewöhnt werden. Außerdem interessierte schon damals, wie sich diese Geräte möglichst ökonomisch einsetzen ließen.

Tipps und Tricks aus alter Zeit

Die Sorgen und Nöte der kleinen Leute faszinieren die Jugendlichen oft mehr als die Pläne und Strategien der Großen. Für die Beschäftigung mit der Alltagsgeschichte sind sie deshalb leicht zu motivieren. Das gilt auch für Fragen des Familienlebens und der Haushaltsführung.

Die Recherchen der Jugendlichen sollten sowohl mündliche Erinnerungen wie schriftliche Dokumente einbeziehen. Im ersten Fall besuchen sie ein Altenheim oder interviewen die eigenen Großmütter. Von ihnen erfahren sie, mit welchen Alltagsstrategien man in der Kriegs- und Nachkriegszeit dem allgegenwärtigen Energiemangel beizukommen versuchte. Fündig werden sie aber auch in der Stadtbibliothek: Ratgeber zur Haushaltsführung sind dort entweder als Nachdruck oder im Original zu finden. Im Stadtarchiv oder im Archiv der Lokalpresse werden sie die Tageszeitungen der Nachkriegszeit durchforsten, um sich dort in der regelmäßig erscheinenden „Seite für die Frau" zu informieren. Schließlich werden sie beim regionalen Energieversorgungsunternehmen nach entsprechenden Veröffentlichungen fragen. Viele dieser Unternehmen belieferten ihre Kunden mit einem eigenen Jahrbuch, das von den Hausfrauen als kostenloser Ratgeber für Küche und Haushalt heiß begehrt war.

Um die Ergebnisse solcher Recherchen zu dokumentieren, bietet sich einerseits die Herausgabe einer Broschüre an: In einem „Lexikon der Energiespartipps" könnten die interessantesten, aber auch die abwegigsten Vorschläge aus alter Zeit aufgelistet werden – von A wie Abdeckplane bis Z wie Zylinderofen. Die in altdeutschen Lettern gesetzten Tipps werden ergänzt durch Hinweise auf den historischen Kontext: Da werden Schlagzeilen in Erinnerung gerufen, Kochrezepte verraten und Schlagertexte zitiert. Mode und Sport, Affären und Idole – das alles steht für ein bestimmtes Zeitkolorit.

Wesentlich aufwändiger, aber sicherlich auch eindrucksvoller, gerät die Aufarbeitung der Quellen zur Alltagsgeschichte, wenn die ganze Gruppe für ein paar Tage ein historisches Camp durchführt. Dazu ziehen die Jugendlichen in den Wintermonaten für ein paar Tage in ein Selbstversorgerhaus, um hier zu „leben wie die Trümmerfrauen". Zu den Spielregeln eines solchen Camps gehört, dass die Jugendlichen nur eine begrenzte Menge an Heizmaterial mitbringen und dass sie ganz ohne elektrische Geräte auskommen. Sie backen eine Steckrübentorte und kochen einen Eichelbrei. Sie waschen mit Efeublättern und drehen sich die Locken mit Gummiringen ein. Und wenn die mitgebrachten Briketts nicht reichen, werden Tannenzapfen und Fichtenreiser aus dem Wald geholt. Vielleicht lässt sich auch eine Hamsterfahrt in die nächsten Dörfer organisieren.
Nur auf den Diebstahl von Kohlen sollte man verzichten, obwohl dem in der Nachkriegszeit auch die Kirche ihren Segen gab.

© Verlag an der Ruhr | Postfach 102251 | 45422 Mülheim an der Ruhr | www.verlagruhr.de | ISBN 978-3-8346-0292-3

Energiespartipps aus den Jahrbüchern der Nürnberger EWAG

- Wärme zur rechten Zeit und am rechten Ort! Entscheiden Sie sich für eine Heizeinrichtung, die von Raum zu Raum die Wärmezufuhr richtig zu bemessen erlaubt.
- Am Morgen muss der Ofen richtig eingeheizt werden. Ist es dann aber warm, muss der Ofen rechtzeitig abgebremst werden, damit der Raum nicht überheizt wird und man die kostbare Wärme nicht zum Fenster hinauslassen muss.
- Ganz besonders für kleine Heißwassermengen ist es vorteilhaft, wenn der Wasserheizer direkt an oder über der Zapfstelle angebracht ist. Über der Spüle aufgehängt macht Ihnen der Wasserheizer bestimmt viel Freude.
- Der elektrische Strom ist ein hochgezüchteter Helfer jeder Hausfrau. Für heißes Wasser aber nehmen wir den Elektroherd nicht in Anspruch, weil wir wissen, dass der Tauchsieder viel rationeller arbeitet.
- Seien Sie nicht zu stolz, gewissenhaftem Rat zu folgen! Der Gasherd ist eine nützliche Erfindung. Wussten Sie übrigens, dass man nach dem Ankochen die Töpfe übereinanderstellt und bei kleiner Flamme gar kochen lässt? Dieses Turmkochverfahren entlastet die Haushaltskasse.
- Das ist neu: Vor dem Spülen erwärmen Sie etwas Spülwasser in einem Topf, den Sie auf den Topf mit Kartoffeln oder Gemüse setzen. Füllen Sie bei kleinen Geschirrmengen außerdem nicht das ganze Spülbecken, sondern nur eine kleine Schüssel.
- Der neuzeitliche Flötenkessel ist eine ausdrucksstarke Gedächtnisstütze für Gassparer. Nur wenn wir sehr verliebt sind, nehmen wir die Flöte ab, ehe wir das Kaffeewasser aufstellen.
- Kühlen mit Elektrizität ist ein technisches Wunder, das dem Verderb empfindlicher Nahrungsmittel Einhalt gebietet. Der Kühlschrank muss dabei atmen können; deshalb ist ein genügend großer Abstand zur Wand notwendig. Wenn der Kühlschrank nicht regelmäßig abgetaut wird, wird er zum Stromfresser.
- Haben Sie das gewusst? – Wäschestoffe aus tierischen Fasern wie Wolle oder Naturseide, aber auch aus Kunstseide, Perlon oder Nylon sollten Sie nicht heiß, sondern lauwarm, teilweise sogar nur kalt waschen. Baumwolle, Leinen und Hanf(!) dagegen vertragen heiße Temperaturen.
- Eine Haushaltsspülmaschine? – So etwas wird für den Privathaushalt kaum je rentabel sein, weil die Verrichtung des Spülens durch die menschliche Hand wohl kaum durch Maschinenarbeit zu ersetzen wäre.
- Nicht die Lampen sind heute die Ursache einer nicht befriedigenden Wohnungsbeleuchtung, sondern nur ihre falsche Anwendung und ihre mangelhafte Gestaltung.
- Eine Leuchtstofflampe in der Küche? – Ja! Eine solche Lampe verbraucht nur 16 Watt und leistet doch so viel wie eine Allgebrauchsglühlampe von 60 Watt. Außerdem hat sie eine größere Lebensdauer.
- Eines wissen wir Hausfrauen doch alle: Warmes Wasser benötigen wir täglich für die verschiedensten Zwecke. Und wenn es uns in unbeschränkter Menge zur Verfügung stünde, umso besser! Nur: Diesen fast paradiesischen Zustand können wir nicht haben.
- Speisen und Getränke nicht unter fließendem Wasser kühlen! Denn Wasser ist unser Lebenselement Nr. 1.

© Verlag an der Ruhr | Postfach 102251 | 45422 Mülheim an der Ruhr | www.verlagruhr.de | ISBN 978-3-8346-0292-3

23 Energie sparen auf Vertragsbasis

Schule und Stadt werden Partner

Am Beispiel Schule lässt sich veranschaulichen, was die Kooperation einer öffentlichen Einrichtung mit der Stadt bewirken kann. Bis vor wenigen Jahren hatten die Schulen kaum Anlass, sich zu einem sparsamen Umgang mit Energie zu verpflichten. Denn die Aufwendungen für Heizung, Strom und Wasser wurden vom Sachaufwandsträger der Schule übernommen – und der zahlte anstandslos. Viele Schulen wissen deshalb bis heute nicht, wie viel Energie sie im Verlauf eines Jahres verbrauchen und welche Kosten dadurch der öffentlichen Hand entstehen.

Radikal geändert hat sich diese Situation für solche Schulen, die im Rahmen eines Verwaltungsverfahrens budgetiert wurden und ihren Haushalt jetzt eigenverantwortlich verwalten. In einer budgetierten Schule herrscht eine hohe Ausgaben- und Einnahmentransparenz. Deshalb weiß man hier auch sehr gut, wie stark die Energiekosten den Haushalt der Schule belasten. Selbstverständlich wird man hier auch alles daran setzen, möglichst sparsam mit der eingesetzten Energie umzugehen, um so z.B. zusätzliche Mittel für die schulische Projektarbeit zur Verfügung zu haben. Entsprechend leicht sind Schüler und Lehrkräfte für diese Aufgabe zu motivieren. Wissen sie doch: Eine Senkung der Energiekosten kann helfen, Fachleute von außen für einzelne Workshops zu engagieren oder die von den Schülern selbst verwalteten Räume mit neuem Mobiliar auszustatten.

Schwerer fällt die Motivation der Beteiligten dort, wo der Haushalt nach wie vor vom zuständigen Schulamt verwaltet wird. Aber auch hier haben sich viele Städte einen zusätzlichen Anreiz einfallen lassen, um das Energiesparen an den Schulen populär zu machen. Das Prinzip ist dabei ganz einfach: Die Schule bekommt die Hälfte der von ihr im Verlauf eines Jahres eingesparten Energiekosten zurückerstattet und kann diesen Betrag eigenverantwortlich ausgeben. Dieses Verfahren scheint zu funktionieren, wie nicht zuletzt das Hamburger „fifty-fifty"-Projekt zeigt. Interessant ist dabei auch, dass fast die Hälfte der den Schulen überlassenen Mittel für Energie sparende Investitionen sowie für die Installation solartechnischer Anlagen ausgegeben wird. Mit der anderen Hälfte wird ein Billardtisch für den Aufenthaltsraum oder ein neuer Verstärker für die Rap-Formation der Schule angeschafft.

© Verlag an der Ruhr | Postfach 102251 | 45422 Mülheim an der Ruhr | www.verlagruhr.de | ISBN 978-3-8346-0292-3

Eine Schule verpflichtet sich selbst

Der Teufel steckt im Detail

Grundlage eines solchen Anreiz-Systems ist ein Vertrag, den die Schule mit dem zuständigen Sachaufwandsträger schließt. Hier ist detailliert festgehalten, wie sich die Energieverbräuche berechnen und von welchen Bemessungsgrößen aus die Entwicklung des Verbrauchs ermittelt wird. Gleichzeitig beinhaltet der Vertrag auch eine Selbstverpflichtung der Schule, das Energiesparen zu einem umfassenden Thema ihrer pädagogischen Arbeit zu machen. Im Gegenzug verpflichten sich manche Städte und Gemeinden, die beteiligten Schulen durch Informations- oder Projektangebote zu unterstützen und so den Erfolg des Energiesparens nachhaltig abzusichern. Auch die regionalen Energieversorgungsunternehmen bieten dazu geeignete Unterrichtseinheiten, Exkursionen oder Workshops an.

Der Teufel steckt freilich auch hier im Detail: So fühlen sich gerade solche Schulen um den Lohn ihrer Arbeit gebracht, die schon lange vor der Laufzeit des Vertrags damit begonnen haben, Energie sparende Maßnahmen durchzuführen und ihre Schüler zu einer Änderung ihres Nutzerverhaltens anzuhalten. Bei ihnen werden sich nur geringe Kostenreduzierungen erzielen lassen, weil ihre Verbrauchsdaten aus den Vorjahren bereits von einem geringeren Basiswert ausgehen. Klärungsbedarf gibt es auch, was den Datenvergleich in den Folgejahren betrifft. Denn im ersten Jahr ergibt sich in der Regel ein Einsparvolumen, das in den folgenden Jahren nicht mehr zu erreichen ist. Hier muss durch entsprechende Vereinbarungen sichergestellt werden, dass die Bemessungswerte aus der Zeit vor Vertragsbeginn weiterhin Gültigkeit behalten.

Das Engagement der Beteiligten belastet es auch, wenn das Schulhaus von außerschulischen Gruppen mitgenutzt wird und wenn diese alle Bemühungen um einen sparsamen Umgang mit Energie konterkarieren. Ein Volkshochschulkurs, der die Fenster des Klassenzimmers die ganze Nacht über geöffnet lässt, ist ebenso wenig motivationsfördernd wie ein Sportverein, der das Wasser in den Duschen regelmäßig abzudrehen vergisst. Hier muss immer wieder das Gespräch mit solchen Gruppen gesucht werden. Außerdem können Plakate in den Zimmern und in der Turnhalle die späten Gäste daran erinnern, dass auch von ihnen ein Beitrag zum Energiesparen erwartet wird.

Schließlich wird der Sachaufwandsträger gut daran tun, seinen Vertragspartnern keine falschen Hoffnungen zu machen und ihnen keine investiven Maßnahmen zuzusichern. Die Erfahrungen aus unterschiedlichen Städten belegen, dass sich auch über eine Änderung des Nutzerverhaltens respektable Summen einsparen lassen. Wie soll man aber die Schüler über viele Jahre dazu motivieren, die Stoßlüftungsintervalle jeweils den Jahreszeiten anzugleichen, wenn im Heizungskeller gleichzeitig ein völlig veralteter Kessel riesige Energiemengen sinnlos verpuffen lässt?! Dass eine Stadt auf der einen Seite das Energiesparen belohnt, dass sie aber auf der anderen Seite die Verschwendung von Energie akzeptiert – das leuchtet den Schülern nicht ein. Deshalb sollte es selbstverständlich sein, dass ein Sachaufwandsträger bei der technischen Umrüstung der Schulhäuser solche Schulen bevorzugt, die ihm vertraglich verbunden sind und für die das ein zusätzlicher Anreiz wäre. Dabei muss es nicht immer ein neuer Kessel sein. Auch neue Energiesparlampen oder Thermostatventile können hier Aufforderungscharakter haben und eine Schule beim Energiesparen auch moralisch unterstützen. So kann aus einem Vertrag allmählich eine wirkliche Zusammenarbeit werden.

© Verlag an der Ruhr | Postfach 102251 | 45422 Mülheim an der Ruhr | www.verlagruhr.de | ISBN 978-3-8346-0292-3

Ein Beispiel

Energiesparen in der Schule

Zwischen dem Gymnasium und der Stadt als dem Sachaufwandsträger der Schule wird die folgende Vereinbarung getroffen:

§ 1 Gemeinsames Anliegen

Beide Vertragspartner sind sich ihrer Verantwortung für die Umwelt und ihrer Verpflichtung zu einer sparsamen Haushaltsführung bewusst. Sie sind deshalb bereit, einen gemeinsamen Beitrag zur Senkung des Energieverbrauchs zu leisten und dabei kooperativ zusammenzuarbeiten.

§ 2 Selbstverpflichtung der Schule

Die Schule verpflichtet sich, Schüler, Lehrkräfte und nichtpädagogische Mitarbeiter zu einem sparsamen Umgang mit Energie anzuleiten. Sie nutzt dazu die Möglichkeiten des Unterrichts sowie die Aktivitäten des Schullebens.

§ 3 Schulinternes Energiemanagement

Die Schule verpflichtet sich, eine Steuerungsgruppe einzusetzen, die das schulinterne Energiemanagement organisiert. In dieser Gruppe sollten das Lehrerkollegium, die Schülervertretung, der Eltenbeirat sowie der Hausmeister und die Schulleitung vertreten sein.

§ 4 Dokumentation

Die Schule verpflichtet sich dazu, ihre Maßnahmen und Projekte zum Energiesparen jeweils zu dokumentieren.

§ 5 Berechnung der Bemessungsgrößen

Für die Ermittlung der eingesparten Kosten für Elektro- und Heizenergie werden Bemessungsgrößen definiert. Diese Bemessungsgrößen werden vom Hochbauamt der Stadt in Zusammenarbeit mit dem kommunalen Energieversorgungsunternehmen ermittelt. Die entsprechenden Basiswerte ergeben sich durch eine Extrapolation der für die letzten drei Jahre errechneten Verbrauchsdaten. Eine Aufstellung der Ausgangsdaten liegt diesem Vertrag bei.

§ 6 Abweichungen durch investive Maßnahmen

Mehr- oder Minderverbräuche, die auf bauliche oder technische Maßnahmen und nicht auf ein verändertes Nutzerverhalten zurückzuführen sind, erfordern eine Korrektur der ursprünglichen Bemessungsgrößen. Die entsprechenden Korrekturwerte werden von beiden Vertragspartnern einvernehmlich festgelegt.

§ 7 Ermittlung der Kostenersparnis

Nach dem ersten Vertragsjahr werden die Verbrauchsdaten der Schule durch das Hochbauamt ermittelt. Bei einer Senkung des Verbrauchs werden die eingesparten Kosten durch das Hochbauamt in Zusammenarbeit mit dem kommunalen Energieversorgungsunternehmen festgestellt. Die Hälfte des eingesparten Betrags wird der Schule innerhalb von 30 Tagen überwiesen. Über die Verwendung der Mittel entscheidet die Schule in eigener Verantwortung. Bei einem Anstieg der Verbrauchsdaten werden die Kosten wie bisher vom Sachaufwandsträger übernommen.

§ 8 Laufzeit

Dieser Vertrag tritt am ______________________
in Kraft und ist zunächst bis zum ______________
befristet. Stichdatum für die Ermittlung der Verbrauchsdaten eines Jahres ist jeweils der 31. August.

© Verlag an der Ruhr | Postfach 102251 | 45422 Mülheim an der Ruhr | www.verlagruhr.de | ISBN 978-3-8346-0292-3

Langzeitprojekt Energie sparen 24

Die Mühen der Ebenen

Aktionen zum Energiesparen kommen bei den meisten Jugendlichen und Pädagogen gut an. Sie sind von der Notwendigkeit eines verantwortungsbewussten Umgangs mit Energie überzeugt und oft froh darüber, wenn ihnen entsprechende Handlungsmöglichkeiten angeboten werden. Allerdings ist die anfängliche Begeisterung in der Regel rasch verflogen, sind die guten Vorsätze bald wieder vergessen. Diese Dialektik von spontaner Begeisterung und allmählichem Rückzug ist für viele Projekte und Kampagnen auf dem Gebiet der Umweltbildung charakteristisch. So hatten sich z.B. einmal viele Schulen dazu verpflichtet, den Müll künftig zu trennen bzw. nach Möglichkeit ganz zu vermeiden. Bald war jedes Klassenzimmer mit einer blauen Tonne ausgestattet, wurde im Schulgarten ein Kompostsammler aufgestellt und verpflichtete sich der Hausmeister zu einem Pausenverkauf ohne überflüssigen Abfall. Die Anfangserfolge solcher Kampagnen sind oft beeindruckend. Aber bald schon hat sie der alte Schlendrian wieder eingeholt: In den blauen Tonnen werden zunehmend auch Dosen und Einwegflaschen entsorgt. Der Abfall aus Schülercafé und Schulküche wandert wieder in die Mülltonne. Und auch den Hausmeister lassen die Gesetzmäßigkeiten des Marktes zu Schokoriegel und Tetrapack zurückkehren. – Ökologisches Denken und Handeln sind aber immer nachhaltig angelegt. Hier zählt nicht der kurzatmige Aktionismus, sondern die langfristige Veränderung. Auch für das Energiesparen mit Jugendlichen gilt die Einsicht Bertolt Brechts, wonach den Strapazen des Gebirges oft die „Mühen der Ebenen“ folgen. Und die werden eben häufig unterschätzt.

In einer Gesellschaft, die von „Event“ zu „Event“ eilt, haben es langfristig angelegte Projekte schwer. Damit nicht vorschnell die Puste ausgeht, bedarf es wohl überlegter Gegenstrategien. So kann es z.B. Sinn machen, ein solches Projekt von einer festen Gruppe begleiten zu lassen. Die institutionellen Gruppenstrukturen können verhindern, dass die Entwicklung des Projekts kollektiven Stimmungsschwankungen ausgeliefert und von den unvermeidlichen Frustphasen bedroht ist. Eine solche Arbeitsgruppe kann unterschiedlich zusammengesetzt sein. Und auch dann, wenn ihr nur Jugendliche angehören, kann sie das Projekt „Energie sparen“ zum Erfolg führen.

© Verlag an der Ruhr | Postfach 102251 | 45422 Mülheim an der Ruhr | www.verlagruhr.de | ISBN 978-3-8346-0292-3

24 Eine Arbeitsgemeinschaft „Energie"

An richtigen Aufgaben lernen

Während das Engagement der Jugendlichen in der Schule eher zurückhaltend ausfällt, laufen sie in Arbeitsgemeinschaften oder Jugendgruppen oft zu großer Form auf. Ob in der Redaktion einer Schüler- oder Jugendzeitung, in der Theatergruppe oder in der Umwelt-Jugendgruppe – hier investieren sie viele Nachmittage und manches Wochenende, obwohl dieses Engagement z.B. innerhalb des schulischen Belohnungssytems nicht weiter gewürdigt wird. Das gilt auch für ein so sprödes Thema wie die Bemühungen um einen sparsamen Umgang mit Energie. Denn die Jugendlichen erleben als Mitglieder der für das Projekt verantwortlichen Arbeitsgemeinschaft, dass ihre Tätigkeit ernst genommen wird. Ihr Antrag auf einen Austausch der Deckenleuchten muss beraten, ihre Empfehlungen zum Umgang mit elektrischen Geräten müssen von den Pädagogen befolgt werden. Ganz handfeste Messdaten sind der Lohn ihrer Anstrengungen.
Und das motiviert.

Eine solche Arbeitsgemeinschaft ist für Jugendliche auch deshalb attraktiv, weil sie hier einen Ort der Kommunikation und des Kontakts haben. So fühlen sich die Jugendlichen doppelt motiviert, wenn sie ein gemeinsames Wochenendseminar organisieren oder gemeinsam die Hamburger Modellschulen besuchen. Solche Gemeinschaftserlebnisse fördern die Bindung an die Gruppe; so lassen sich auch weniger attraktive Projekte – wie das Umrüsten eines Modellzimmers oder die Einstellung von Thermostatventilen – ohne Motivationseinbrüche überstehen. Schließlich erleben viele Jugendliche eine solche Arbeitsgemeinschaft als eine Brücke nach draußen. Im Schutz der Gruppe lassen sie sich in einer Senioren-Werkstatt das Abdichten von Heizungsrohren zeigen. Gemeinsam mit anderen erkunden sie eine Siedlung von Niedrigenergiehäusern. Und im Verein mit ihren Mitstreitern wagen sie sich schließlich sogar an die Organisation eines Sun-Power-Festivals.

Eine Jugend-AG als Steuerungsgruppe sollte selbst organisiert arbeiten. Sie sollte aber auch von einem Pädagogen betreut werden, auf deren Sachkennntis und Krisenerfahrung die Jugendlichen bestimmt gerne zurückgreifen.
Die Arbeitsgemeinschaft sollte über ein eigenes Budget verfügen, das sich über die eingesparten Energiekosten refinanzieren lässt.
Und sie sollte an keine festen Sitzungstermine gebunden sein, sondern ihr Zeitkonto den anfallenden Aufgaben entsprechend gestalten.

© Verlag an der Ruhr | Postfach 102251 | 45422 Mülheim an der Ruhr | www.verlagruhr.de | ISBN 978-3-8346-0292-3

Eine Arbeitsgemeinschaft „Energie“

Terminkalender der Energie-AG

September	**Beteiligung am Gottesdienst zum Thema „Gottes Schöpfung bewahren“** **Teilnahme an einem Seminar mit einem Workshop zum Energiesparen in Räumen**
Oktober	**Treffen mit Lehrern aus den Fachbereichen „Physik“ und „Chemie“ zu Fragen des Energiesparens** **Teilnahme am Tag der offenen Tür mit einer Aktion zur Energieberatung**
November	**Besuch in einem Niedrigenergiehaus der kommunalen Wohnungsbaugesellschaft** **Geräte-Check im gesamten Gebäude**
Dezember	**Gestaltung eines Modellzimmers (Wärmedämmung, Lampentausch, Umstellen der Möbel, Begrünung)** **Info-Stunde zum Thema „Energiefallen in Gebäuden“**
Januar	**Ausflug nach Hamburg mit Besichtigung des „fifty-fifty“-Projekts** **Entwurf eines Posters für den täglichen Energie-Check**
Februar	**Erstellung einer Öko-Bilanz für die diesjährige Karnevalsfeier** **Referat vor Lehrern und Pädagogen zum Thema „Die täglichen Energiesünden in Lehrerzimmer und Pausenraum“**
März	**Schulungswochenende zum Thema „Öffentlichkeitsarbeit“** **Produktion eines Umwelt-Jingles**
April	**Besuch in den Katakomben der Schule oder des Jugenheims und Gespräch mit dem Hausmeister** **PR-Aktion für die in der Turnhalle trainierenden Sportvereine mit Verteilung von Schlüsselanhängern**
Mai	**Gespräch mit der Schulleitung oder der Jugendheimleitung über eine energiefreundliche Belegung der Räume** **Produktion eines Videospots „Der 7. Sinn“**
Juni	**Installation eines Sonnenkollektors auf dem Dach der Schule oder des Jugendheims** **Gemeinsame Organisation eines „let-the-sunshine-in“-Festivals von örtlichen Jugendbands**
Juli	**Planung des traditionellen Sommerfestes mit einem Energie-Parcours**

© Verlag an der Ruhr | Postfach 102251 | 45422 Mülheim an der Ruhr | www.verlagruhr.de | ISBN 978-3-8346-0292-3

25 Öffentlichkeitsarbeit

Keine Zeit für Betulichkeit

Gut gemeint – das bedeutet nicht immer auch: effektiv. Die Art und Weise, wie für das Energiesparen in einer öffentlichen Einrichtung geworben wird, ist in der Regel von guten Absichten, wohl auch von einer Menge Enthusiasmus getragen. Diejenigen aber, die damit gewonnen werden sollen, lässt solche Werbung eher kalt. Auf einen Jugendlichen, der in diversen Grafikprogrammen herumzusurfen gewohnt ist, macht es keinen großen Eindruck, wenn ihn ein mit Buntstiften koloriertes Plakat zum Energiesparen auffordert. Eine mit allerlei audiovisuellem Schnickschnack verwöhnte Jugend lässt sich nicht mit den Betulichkeiten früherer Generationen überzeugen. In der Konkurrenz zu anderen Projekten muss deshalb auch das Energiesparen mit modernen Darstellungsformen auf sich aufmerksam machen.

Dabei müssen alle Möglichkeiten von Öffentlichkeitsarbeit ausgeschöpft werden. Und weil die Einrichtung für Jugendliche ein kommunikativer Ort ist, tun sich hier viele solcher Möglichkeiten auf.

- Zunächst müssen die in der Schule eingeführten Kommunikationsmittel genutzt werden, um über dieses Projekt zu informieren. So sollten die im ganzen Gebäude verteilten Schaukästen entsprechend gestaltet werden. Auch in einem Elternbrief ließe sich regelmäßig über die unterschiedlichen Aspekte dieses Themas berichten.
- An einer zentralen Stelle im Gebäude sollte außerdem eine große Info-Tafel aufgehängt werden. Hier werden die Jugendlichen täglich mit den nackten Fakten konfrontiert – und diese werden ständig fortgeschrieben. So zeigt die Info-Tafel anhand entsprechender Verlaufsdiagramme, wie sich die Verbrauchsdaten seit Beginn des Jahres entwickelt haben und mit welcher Rückerstattung die Einrichtung derzeit zu rechnen hätte.
- Mit ansprechend gestalteten Postern ließe sich die Idee des Energiesparens in allen Räumen tragen. Als Motiv dafür kommt eine Karikatur ebenso in Frage wie eine Aufstellung der wichtigsten Verhaltensregeln. Entscheidend aber ist die professionelle Aufmachung dieser Poster. Mit Hilfe der Siebdrucktechnik z.B. lassen sich Poster herstellen, die sich jeder Jugendliche gerne in den Aufenthaltsraum hängt.
- Das Prinzip der Bandenwerbung ließe sich auch für die Turnhalle und den Sportplatz übernehmen. Oder die Hausmannschaft könnte in Trikots einlaufen, mit denen für den guten Zweck geworben wird.
- In den Katalogen der einschlägigen Versandhändler findet sich manches überflüssige Werbe-Accessoire. Mit selbst gestalteten GiveAways aber kann man dazu beitragen, eher unauffällig an die Idee des Energiesparens zu erinnern. Zu denken ist hier z.B. an einen Schlüsselanhänger für die Pädagogen, aber auch für die Betreuer der in der Schulturnhalle trainierenden Sportvereine.
- Schließlich könnte auch mit attraktiven Benefiz-Veranstaltungen für die Idee des Energiesparens geworben werden. Jedes Konzert, jede Aufführung der Theater-AG und erst recht jede Party kommen dafür in Frage. Hier wird nicht nur mit einem großen Transparent darauf aufmerksam gemacht, dass sich die ganze Einrichtung diesem Projekt verpflichtet fühlt. Hier wird auch ein Teil der Einnahmen in neue Energiesparlampen oder in eine Fotovoltaik-Anlage investiert.

Schließlich kommt es bei allen diesen Aktivitäten auf ein einheitliches Erscheinungsbild an: Auch dem flüchtigen Betrachter muss klar sein, dass es hier um ein und dasselbe Projekt geht. Und ein solcher Wiedererkennungseffekt erhöht bekanntlich die Aufmerksamkeit. Voraussetzung jeder internen Werbekampagne muss deshalb ein einheitliches Logo sein. Dafür finden sich unter den Jugendlichen bestimmt so viele Grafik-Bastler und Nachwuchs-Designer, dass sich über einen Wettbewerb ein überzeugender Vorschlag ermitteln ließe.

© Verlag an der Ruhr | Postfach 102251 | 45422 Mülheim an der Ruhr | www.verlagruhr.de | ISBN 978-3-8346-0292-3

Ein Pausen-Jingle für die Schule 25

Fenster zu, Lichter aus!

Die Haussprechanlage könnt ihr gut dazu nutzen, eure Mitschüler auf das Energiesparen im Schulhaus aufmerksam zu machen. Anstelle eines nüchternen organisatorischen Hinweises lasst ihr jeweils vor dem Pausengong einen flotten „Jingle“ durch die Schule tönen. Mit diesem „Jingle“ fordert ihr eure Mitschüler dazu auf, die Klassenzimmer erst dann zu verlassen, wenn alle Fenster geschlossen und überall die Lampen und Elektrogeräte ausgeschaltet sind. Und denkt daran, eine knappe, aber eindringliche Botschaft reicht. Denn allein durch die ständige Wiederholung prägt sich der „Jingle“ ein. Wenn ihr eure Botschaft dann auch noch im Rap-Rhythmus vortragt, wird sie bald jedem geläufig sein:

1.
„Wir sind hellwach,
wir pennen nie,
haben jede Menge Energie.“

3.
„Drum Fenster zu,
Lichter aus!
Und jetzt: Raus!“

2.
„Wir können rechnen,
sind nicht dumm,
gehen deshalb sparsam
mit ihr um.“

© Verlag an der Ruhr | Postfach 102251 | 45422 Mülheim an der Ruhr | www.verlagruhr.de | ISBN 978-3-8346-0292-3

Die Autoren

Jonas Lanig

- geboren 1950
- Lehrer am Gymnasium und im beruflichen Schulwesen für die Fächer Deutsch, Erdkunde und Sozialkunde
- seit 1991 Mitarbeit im Projektbüro Schule des Pädagogischen Instituts der Stadt Nürnberg
- 1996–1998 Mitarbeit im Koordinations-Team des Projekts „Energie sparen macht Schule“
- zahlreiche Veröffentlichungen u.a. zu verschiedenen Aktivitäten des Schullebens, zum interkulturellen Lernen und zur Reformpädagogik

Achim Schneider

- geboren 1972
- Diplom-Ökotrophologe (FH)
- Mitarbeiter in der Unternehmenskommunikation eines kommunalen Energieversorgungsunternehmens
- bis 2000 Entwicklung und Mitarbeit am Energie-Erlebnispfad (im Jahr 2000 Preisträger des deutschen PR-Preises Klimaschutz)

Dorothee Tiemann

- geboren 1971
- Diplom-Geografin/Landschaftsökologin und PR-Referentin
- seit mehr als 15 Jahren beruflich und privat im Natur- und Umweltschutz sowie in der Eine-Welt-Arbeit aktiv
- bisherige Tätigkeiten als Umweltpädagogin, Projektkoordinatorin, PR-Referentin und Pressesprecherin

© Verlag an der Ruhr | Postfach 102251 | 45422 Mülheim an der Ruhr | www.verlagruhr.de | ISBN 978-3-8346-0292-3

Literatur

- *Boëtius, Henning:*
  Die Wasserstoffwende.
  Eine neue Form der Energieversorgung.
  DTV, 2005.
  ISBN 978-3-423-24449-7

- *Brösicke, Wolfgang:*
  Sonnenenergie.
  Wissen, Planen, Gewinnen.
  Technik, 2000.
  ISBN 978-3-341-01210-9

- *Coats, Callum:*
  Naturenergien verstehen und nutzen. Viktor Schaubergers geniale Entdeckungen.
  Omega, 1999.
  ISBN 978-3-930243-14-3

- *Fraefel, Rudolf; Humm, Othmar:*
  Heizen und Lüften im Niedrigenergiehaus.
  Oktobuch, 2000.
  ISBN 978-3-922964-79-7

- *Geitmann, Sven:*
  Erneuerbare Energien und alternative Kraftstoffe.
  Mit neuer Energie in die Zukunft.
  HydroGeit, 2005.
  ISBN 978-3-937863-05-4

- *Heinloth, Klaus:*
  Die Energiefrage.
  Bedarf und Potentiale, Nutzung, Risiken und Kosten.
  Vieweg, 2003.
  ISBN 978-3-528-13106-7

- *Kaltschmitt, Martin; Streicher, Wolfgang; Wiese, Andreas:*
  Erneuerbare Energien.
  Systemtechnik,Wirtschaftlichkeit, Umweltaspekte.
  Springer, Berlin, 2006.
  ISBN 978-3-540-28204-4

- *Kleinknecht, Konrad:*
  Wer im Treibhaus sitzt.
  Wie wir der Klima- und Energiefalle entkommen.
  Piper, 2007.
  ISBN 978-3-492-05011-1

- *Krimmling, Jörn:*
  Energieeffiziente Gebäude.
  Grundwissen und Arbeitsinstrumente für den Energieberater.
  Fraunhofer IRB, 2007.
  ISBN 978-3-8167-7156-2

- *Craig Morris:*
  Zukunftsenergien. Telepolis.
  Die Wende zum nachhaltigen Energiesystem.
  Heise Heinz, 2005.
  ISBN 978-3-936931-26-6

- *Scheer, Hermann:*
  Energieautonomie.
  Eine neue Politik für erneuerbare Energien.
  Kunstmann, 2005.
  ISBN 978-3-88897-390-2

- *Schmidt, Manfred:*
  Regenerative Energien in der Praxis.
  Bauwesen, 2002.
  ISBN 978-3-345-00757-6

- *World Future Council (Hrsg.):*
  Energie der Zukunft.
  Sicher. Effizient. Dezentral.
  Rotbuch, 2007.
  ISBN 978-3-434-54545-2

© Verlag an der Ruhr | Postfach 102251 | 45422 Mülheim an der Ruhr | www.verlagruhr.de | ISBN 978-3-8346-0292-3

Adressen

Hier können Sie weiteres Material anfordern:

- EV
  Energie-Verlag GmbH
  Häusserstr. 13
  69115 Heidelberg
- HEA
  Hauptberatungsstelle Elektrizitätsanwendung e.V.
  Am Hauptbahnhof 12
  60329 Frankfurt a.M.
- InfE
  Information Erdgas
  Huttropstr. 60
  45138 Essen
- Verband der Elektrizitätswirtschaft – VDEW – e.V.
  Robert-Koch-Platz 4
  10115 Berlin
- VBEW
  Verband Bayerischer Elektrizitätswerke e.V.
  Akademiestr. 7
  80799 München
- VDG
  Vereinigung Deutscher Gewässerschutz e.V.
  Königswinterer Straße 829
  53227 Bonn
- VWEW
  Verlags- und Wirtschaftsgesellschaft der Elektrizitätswerke mbH
  Stresemannallee 30
  60596 Frankfurt a.M.
- WVGW
  Wirtschafts- und Verlagsgesellschaft Gas und Wasser mbH
  Josef-Wirmer-Str. 3
  53123 Bonn

Internet-Adressen

- **Stromversorger**
  www.strom.de
- **Info- und Servicemagazin für Energieverbraucher**
  www.tam.de
- **Öko-Institut**
  www.oeko.de
- **Deutsches Klimarechenzentrum**
  www.dkrz.de
- **Wuppertal Institut für Klima, Umwelt, Energie GmbH**
  www.wupperinst.org

© Verlag an der Ruhr | Postfach 102251 | 45422 Mülheim an der Ruhr | www.verlagruhr.de | ISBN 978-3-8346-0292-3

■ **Natur- und Umweltkatastrophen – Menschengemacht?**

Informationen, Hintergründe, Projektideen

Petra Sauerborn, Barbara Welzel

12–16 J., 113 S., A4, Paperback

ISBN 978-3-86072-928-1

Best.-Nr. 2928

19,80 € (D)/20,35 € (A)/34,70 CHF

■ **So leben sie! Fotoporträts von Familien aus 16 Ländern**

Ein Erkundungsprojekt rund um die Welt

Mary-Claude Wenker

6–16 J., 54 S., A4, Heft, 16 vierfarb. Bilder A3

ISBN 978-3-86072-669-3

Best.-Nr. 2669

28,00 € (D)/28,80 € (A)

Verlag an der Ruhr

Postfach 10 22 51
45422 Mülheim an der Ruhr

Alexanderstraße 54
45472 Mülheim an der Ruhr

Telefon 02 08/495 04 900
Fax 02 08/495 04 295

bestellung@verlagruhr.de
www.verlagruhr.de

■ **Arbeitsblätter GL**

Geografie, Geschichte, Politik und Soziales Leben

Rolf Esser

13–18 J., 165 S., A4, Paperback

ISBN 978-3-8346-0068-4

Best.-Nr. 60068

20,– € (D)/20,50 € (A)/35,– CHF

■ **Karten, Menschen, Märkte**

Simulationsspiele für Geografie und Gemeinschaftskunde

Max W. Fischer

10–14 J., 94 S., A4, Papphefter

ISBN 978-3-8346-0213-8

Best.-Nr. 60213

21,00 € (D)/21,60 (D) (A)/36,80 CHF

■ **So erkläre ich Geografie**

Modelle und Versuche – einfach anschaulich

Johannes Schmidt

10–15 J., 148 S., A4 quer, Paperback

ISBN 978-3-86072-770-6

Best.-Nr. 2770

19,80 € (D)/20,35 € (A)/34,70 CHF

Mit dem Finger über die Landkarte
Topografische Spiele und Rätsel:

■ **Europa**

Reinhard Kracht

11–14 J., 74 S., A4, Papphefter

ISBN 978-3-86072-410-1

Best.-Nr. 2410

18,00 € (D)/18,50 € (A)/31,50 CHF

Mit dem Finger über die Landkarte
Topografische Spiele und Rätsel:

■ **Die Welt**

Reinhard Kracht

10–13 J., 71 S., A4, Papphefter

ISBN 978-3-86072-498-9

Best.-Nr. 2498

18,– € (D)/18,50 € (A)/31,50 CHF

■ **Gewusst wo! – Ein Quiz**

Atlasarbeit spielerisch üben

Gustavo Korsch

10–13 J., A6-quer, 128 Karteikarten, inkl. Lehrerheft und Kartei-Box

ISBN 978-3-8346-0033-2

Best.-Nr. 60033

15,80 € (D)/16,25 € (A)/27,60 CHF

Menschen • Länder • Umwelt

Verlag an der Ruhr

Postfach 10 22 51
45422 Mülheim an der Ruhr

Alexanderstraße 54
45472 Mülheim an der Ruhr

Telefon 02 08/495 04 900
Fax 02 08/495 04 295

bestellung@verlagruhr.de
www.verlagruhr.de

■ Wir kennen die ganze Welt
Eine Werkstatt
Katrin Schüppel
9–11 J., 77 S., A4, Papphefter
ISBN 978-3-8346-0098-1
Best.-Nr. 60098
19,50 € (D)/20,– € (A)/34,20 CHF

■ Walderlebnisspiele
Mit Märchen und Detektivspielen den Wald entdecken
Höhere Forstbehörde Landesbetrieb Wald-Holz NRW.
6–14 J., 80 S., A4, Papphefter
ISBN 978-3-86072-294-7
Best.-Nr. 2294
18,80 € (D)/19,35 € (A)/32,90 CHF

■ Mit Cornell die Natur erleben
Naturerfahrungsspiele für Kinder und Jugendliche – Der Sammelband
Joseph Cornell
Für alle Altersstufen, 341 S., 14 x 21,5 cm, Pb.
ISBN 978-3-8346-0076-9
Best.-Nr. 60076
19,80 € (D)/20,35 € (A)/34,70 CHF

■ Ants kleines Blumenbuch
Das kinderleichte Bestimmungsbuch für Blumen, Gräser, Kräuter
Malcolm Powell
8–12 J., 97 S., 11,8 x 17,5 cm, Pb., vierfarbig
ISBN 978-3-8346-0156-8
Best.-Nr. 60156
9,80 € (D)/10,10 € (A)/18,– CHF

■ Die Arbeitsmappe zu Ants Blumenbuch
Malcolm Powell, Kirsten Toppel
8–12 J., 65 S., A4, Heft, + Bestimmungsbuch, 96 S.
ISBN 978-3-8346-0155-1
Best.-Nr. 60155
25,– € (D)/25,70 € (A)/43,80 CHF

■ Kinder lernen Vögel kennen
Ein Arbeitsbuch mit Steckbriefen, Zeichnungen, Bildkarten und Vogelstimmen-CD
Carola Preuß, Klaus Ruge
6–12 J., 202 S., A4, Pb. (mit vierf. Abb.), mit Audio-CD
ISBN 978-3-8346-0086-8
Best.-Nr. 60086
22,50 € (D)/23,15 € (A)/39,40 CHF

Die Becherlupen-Kartei:
■ Tiere in Kompost, Boden und morschen Bäumen
Jürgen Dittmann, Heinrich Köster
8–18 J., A5, Kartei, 45 Karten A5, zweifarbig, beidseitig bedruckt, Beiheft
ISBN 978-3-86072-414-9
Best.-Nr. 2414
20,50 € (D)/21,10 € (A)/35,90 CHF

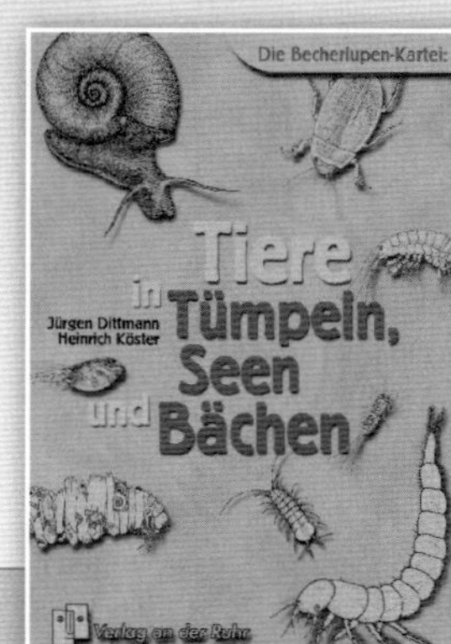

Die Becherlupen-Kartei:
■ Tiere in Tümpeln, Seen und Bächen
Jürgen Dittmann, Heinrich Köster
8–18 J., A5, 45 Karten, 2-farbig beidseitig bedruckt + Beiheft
ISBN 978-3-86072-481-1
Best.-Nr. 2481
20,50 € (D)/21,10 € (A)/35,90 CHF

Natur und Lebensräume